畜禽养殖

实用技术文集

袁立岗　编著

中国农业科学技术出版社

图书在版编目（CIP）数据

畜禽养殖实用技术文集／袁立岗编著．--北京：中国农业科学技术
出版社，2023.7

ISBN 978-7-5116-6362-7

Ⅰ.①畜…　Ⅱ.①袁…　Ⅲ.①畜禽-饲养管理-文集　Ⅳ.①S815-53

中国国家版本馆 CIP 数据核字（2023）第 131431 号

责任编辑	崔改泵
责任校对	李向荣
责任印制	姜义伟　王思文

出 版 者	中国农业科学技术出版社
	北京市中关村南大街 12 号　　邮编：100081
电　话	（010）82109194（编辑室）　　（010）82109702（发行部）
	（010）82109709（读者服务部）
网　址	https://castp.caas.cn
经 销 者	各地新华书店
印 刷 者	北京建宏印刷有限公司
开　本	170 mm×240 mm　1/16
印　张	14.75
字　数	280 千字
版　次	2023 年 7 月第 1 版　2023 年 7 月第 1 次印刷
定　价	80.00 元

序

　　立岗同志 20 世纪 80 年代末，从石河子农学院毕业后到乌鲁木齐市养禽场工作，先后担任肉鸡祖代场、父母代场、蛋鸡父母代场和商品代鸡场的兽医、场长，是从生产一线成长起来的专业技术人才，探索积累了丰富的技术知识和管理经验。21 世纪初，在兵团第十二师畜牧兽医工作站，负责畜牧业新技术推广和动物防疫工作，先后承担了多项省部级科技攻关项目，取得丰硕的科研成果。在生产实践中积极探索，始终不放松对新知识的学习，勤于钻研、善于总结、勤耕不辍，先后发表了上百篇学术论文，本论文集包含了猪、牛、羊、鸡的品种改良、饲养管理和疫病防治等内容，是他长期从事专业技术工作实践总结和宝贵经验，具有很强的指导性和实用性、借鉴性，是畜牧兽医专业人员和养殖人员很好的学习资料。

　　立岗同志学风扎实、一丝不苟，做人谦逊、品德优秀、乐于助人，在同行中享有较高的声誉，先后获得"国务院政府津贴专家"、"自治区突出贡献专家"、"市、师优秀科技工作者"、兵团"脱贫攻坚"记大功等荣誉称号，为兵团畜牧兽医技术推广工作做出了积极贡献。有幸与他共事几十年，今受邀为本书作序，作为他的老同学、好朋友，更是感到荣幸和莫大的欣慰。毕业后一起步入社会，为实现共同的事业目标，一路相伴、风雨同舟、互助互励，结下了深厚的友谊，可谓"天山南北数万里，牧歌声中有知音"。

　　寥寥数语，难以倾诉。"序"不多言，不妥之处，敬请作者和读者见谅。

2023 年 4 月

前　言

　　高效畜牧业的发展，离不开优良的品种、科学的饲养管理、全价配合饲料、严密的疫病防治和配套的设施设备五大要素。在这些要素中，畜牧养殖技术的进步是现代高效畜牧业发展的主要支撑。从 20 世纪 80 年代到 21 世纪初，正是我国由传统畜牧业向现代畜牧业转型的重要时期，也是畜牧业规模化、集约化发展速度相对较快的时期，为了促进高效养殖业的发展，广大畜牧兽医技术研究、推广人员，开展了诸多技术研究、试验和新品种的引进、选育、设施和工艺的改造等工作，并不断总结经验，为推动我国畜牧业的发展做出了应有的贡献。

　　本书主编从 20 世纪 80 年代末起，从事畜牧兽医技术推广和管理工作 30余年，不断总结畜禽饲养管理、疫病防治、品种引进、工艺改造等经验，先后在国内专业期刊发表 150 余篇专业文章，在其他书籍已收录的文章之外，本书又经过细心梳理，选出有代表性的 51 篇文章，根据文章内容，分成三部分，其中品种改良部分 7 篇、饲养管理部分 15 篇、疫病防治部分 29 篇，内容包括了高效养牛、高效养猪、高效养羊、高效养鸡等技术和经验。本书的出版，也反映出了这一时期区域畜牧养殖业的技术状况和水平。当然，随着高效养殖技术的不断进步，今天的技术水平是过去所不能比拟的，今天的技术更加成熟，过去制约高效养殖的技术屏障大多已经得到突破，但也有一些问题还未能很好地解决，仍需继续研究，因此，本书的内容除了指导养殖生产，也可为畜牧科技人员提供技术经验和一些历史资料。

　　由于编者水平有限，书中难免存在片面性或者阐述不清等问题，在编撰过程中也难免存在疏漏或不足之处，恳请同行及广大读者批评指正。

编者

2023 年 2 月 3 日

目　录

第一部分　品种改良

第二部分　饲养管理

第三部分　疫病防治

第一部分　品种改良

国家良补冻精在乌鲁木齐近郊养殖小区的使用效果

摘　要： 通过对乌鲁木齐近郊 5 个奶牛养殖小区 2013—2017 年良补冻精使用情况的调查结果表明，5 年间共使用良补冻精 41 909 支，受配母牛 25 025 头，平均受胎率达到 75%，牛奶总产量 141 985.6t，净收入 12 741 万元，平均泌乳牛单产 6.58t，净收入 5 877.9 元。

关键词： 良补冻精；使用；效果；调查

为了扶持奶牛养殖业的发展，提高奶牛优良冻精的覆盖率及奶牛养殖的生产水平，国家自 2005 年以来陆续在全国范围内对良种冻精进行补贴。通过多年来的运行，良补冻精推广后，优良品种的覆盖率达到 100%。优良品种对生产水平的提升发挥了较大作用，奶牛养殖的效益明显提高。本文通过对乌鲁木齐近郊 5 个主要养殖小区近 5 年来使用良补冻精后的效果进行了调查，现报道如下。

1　2013—2017 年良补冻精推广应用情况

通过调查和统计，从事奶牛养殖户有 110 户，从事奶牛养殖人员 420 余人，2013 年至 2017 年共使用良补冻精 41 909 支，通过人工授精配种奶牛 25 025 头，受胎率平均达到 75%，基本实现奶牛良种冻精全覆盖（表 1）。

表 1　良种冻精推广使用表

单位	类别	年份					合计
		2013	2014	2015	2016	2017	
小区 1	使用量（支）	2 338	2 202	2 425	2 100	3 600	12 665
	配种数（头）	1 254	1 180	1 552	1 470	1 950	7 406
	受胎率（%）	55	62	78	85	81	72

（续表）

| 单位 | 类别 | 年份 | | | | | 合计 |
		2013	2014	2015	2016	2017	
小区2	使用量（支）	1 254	1 502	1 964	2 188	2 140	9 048
	配种数（头）	666	783	962	1 081	1 043	4 535
	受胎率（%）	60	74	74	79	77	73
小区3	使用量（支）	1 558	1 623	1 670	1 692	1 700	8 243
	配种数（头）	988	1 044	1 102	1 258	1 215	5 607
	受胎率（%）	55	72	80	82	76	73
小区4	使用量（支）	862	890	930	960	795	4 437
	配种数（头）	534	548	563	686	503	2 834
	受胎率（%）	71	76	81	87	84	80
小区5	使用量（支）	1 464	1 548	1 554	1 550	1 400	7 516
	配种数（头）	874	892	985	934	958	4 643
	受胎率（%）	70	75	79	85	83	78
合计	使用量（支）	7 476	7 765	8 543	8 490	9 635	41 909
	配种数（头）	4 316	4 447	5 164	5 329	5 769	25 025
	受胎率（%）	62	72	78	84	80	75

2 2013—2017 年良补冻精使用后，生产性能表现

2013—2017 年 5 个养殖小区共生产牛奶 141 985.6t，泌乳牛头数 21 676 头，日平均单产 18.01kg，每头泌乳牛年平均单产 6.58t。

3 2013—2017 年奶牛效益统计

通过对 5 个奶牛养殖小区的调查，从 2013 年到 2017 年 5 年间，牛奶总收入 50 340.3 万元。

4 分析

（1）不同养殖小区的受胎率高低不同。主要是人工授精员的技术水平以及受配母牛健康状况不同所致。虽然奶牛单产的提高与饲养管理、疾病预防以及饲养设施、环境等有较大关系，但是，优良品种对提高奶牛生产性能可起到约 30% 的影响度。在品种相同的情况下，所表现出单产水平不同，主要是各小区的管理水平不同所致。2013—2015 年，5 个养殖小区平均泌乳牛单产 6.58t。虽然与现代化奶牛场相比还有一定差距，但与使用良补冻精前有较大幅度的提高。使用良补冻精以前，各品种牛的冻精都在使用，而且用价格最低廉的冻精致使后裔牛毛色不纯、体型结构差、产奶量低。甚至有的养殖户自留公牛，自然交配，养牛成本高、效益差。良补冻精推广后，每头泌乳牛单产提高 2kg 左右，一个情期平均使用细管冻精 1.7 支，成母牛的受胎率也在逐年提高。

表 2 牛奶产量统计表

单位	项目	年份					合计（平均）
		2013	2014	2015	2016	2017	
小区 1	产奶量（t）	12 184	12 213	12 230	12 060	11 876	60 563
	平均泌乳牛数（头）	1 964	1 810	1 878	1 792	1 808	9 252
	日平均单产（kg）	17.0	18.5	17.8	18.4	18.0	17.94
	年单产（t）	6.2	6.75	6.51	6.73	6.57	6.562
小区 2	产奶量（t）	4 853.4	5 643.5	5 651.3	5 515	5 542.6	27 205.8
	平均泌乳牛数（头）	763	848	886	855	837	4 189
	日平均单产（kg）	17.4	18.2	17.5	17.7	18.1	17.78
	年单产（t）	6.36	6.66	6.38	6.45	6.62	6.494
小区 3	产奶量（t）	4 328	4 446	4 841	6 010	5 808	25 433
	平均泌乳牛数（头）	666	656	711	872	859	3 764
	日平均单产（kg）	17.8	18.6	18.7	18.9	18.5	18.5
	年单产（t）	6.50	6.78	6.81	6.89	6.76	6.748

（续表）

单位	项目	年份					合计（平均）
		2013	2014	2015	2016	2017	
小区4	产奶量（t）	4 650	4 935.8	5 002	5 030	4 361	23 978.8
	平均泌乳牛数（头）	749	740	776	788	699	3 752
	日平均单产（kg）	17.0	18.3	17.7	17.5	17.1	17.52
	年单产（t）	6.21	6.67	6.45	6.38	6.24	6.39
小区5	产奶量（t）	960	969	970	980	926	4 805
	平均泌乳牛数（头）	150	144	146	143	136	719
	日平均单产（kg）	17.5	18.4	18.2	18.8	18.7	18.32
	年单产（t）	6.4	6.76	6.65	6.84	6.81	6.692
合计	产奶量（t）	26 971.4	28 207.3	28 784.3	29 595	28 513.6	141 985.6
	平均泌乳牛数（头）	4 292	4 198	4 397	4 450	4 339	21 676
	日平均单产（kg）	17.34	18.4	17.98	18.26	18.08	18.01
	年单产（t）	6.33	6.72	6.57	6.66	6.6	6.58

注：产奶量为集中挤奶后的商品奶统计数。

表3　奶牛收入统计表

单位	项目	年份					合计
		2013	2014	2015	2016	2017	
小区1	产奶量（t）	12 184	12 213	12 230	12 060	11 876	60 563
	牛奶单价（元/kg）	4.6	3.6	3.2	3.2	3.2	
	收入（万元）	5 604.6	4 396.7	3 913.6	3 859.2	3 800.3	21 574.4
小区2	产奶量（t）	4 853.4	5 643.5	5 651.3	5 515	5 542.6	27 205.8
	牛奶单价（元/kg）	4.6	3.6	3.2	3.2	3.2	
	收入（万元）	2 232.6	2 031.7	1 808.4	1 764.8	1 773.6	9 611.1
小区3	产奶量（t）	4 328	4 446	4 841	6 010	5 808	25 433
	牛奶单价（元/kg）	4.6	3.6	3.2	3.2	3.2	
	收入（万元）	1 990.9	1 600.6	1 549.1	1 923.2	1 858.6	8 922.3
小区4	产奶量（t）	4 650	4 935.8	5 002	5 030	4 361	23 978.8
	牛奶单价（元/kg）	4.6	3.6	3.2	3.2	3.2	
	收入（万元）	2 139	1 776.9	1 600.6	1 609.6	1 395.5	8 521.6

（续表）

| 单位 | 项目 | 年份 | | | | | 合计 |
		2013	2014	2015	2016	2017	
小区 5	产奶量（t）	960	969	970	980	926	4 805
	牛奶单价（元/kg）	4.6	3.6	3.2	3.2	3.2	
	收入（万元）	441.6	348.8	310.4	313.6	296.3	1 710.8
合计	产奶量（t）	26 975.4	28 207.3	28 694.3	29 595	28 513.6	141 985.6
	牛奶单价（元/kg）	4.6	3.6	3.2	3.2	3.2	
	收入（万元）	12 408.7	10 154.6	9 182.2	9 470.4	9 124.4	50 340.3

（2）养牛的效益虽然与奶牛的产量有关，但也与奶价有直接关系。2013年和2014年奶价比较高，奶农收益高。自2015年以后奶价趋于平稳，长期稳定在3.2元/kg，养奶牛的收入就明显降低，尽管如此，每头泌乳牛2015—2017年平均单产6.61t，净收入3 635.5元/年。

2013—2017年，养殖户在不计人工成本的情况下，生产每千克牛奶的水、电及饲料成本为2.65元左右，5年来牛奶净收入为12 741万元，平均每头泌乳牛收入5 877.9元。

5 结论

5年间，乌鲁木齐近郊5个养殖小区共计使用良补冻精41 909支，配种奶牛25 025头，平均受胎率达到75%，泌乳牛平均单产达到6.58t，共计生产牛奶141 985.6t，奶牛收入50 340.3万元，净收入12 741万元，平均每头泌乳牛净收入5 877.9元，良补的覆盖率达到100%。良补冻精的推广，提高了奶牛养殖的生产水平，也提高了奶牛养殖户的收入，取得明显效果。

表4 奶牛效益统计表

| 单位 | 净收入（万元） | | | | | 合计（万元） |
	2013 年	2014 年	2015 年	2016 年	2017 年	
小区 1	2 375.9	1 160.2	672.7	663.3	653.2	5 525.3
小区 2	946.4	536.1	310.8	330.3	304.8	2 428.4
小区 3	844	422.4	266.3	330.6	319.4	2 182.7
小区 4	906.8	468.9	275.1	276.7	239.9	2 167.4
小区 5	187.2	92.1	53.4	53.9	50.9	437.5

（续表）

单位	净收入（万元）					合计（万元）
	2013 年	2014 年	2015 年	2016 年	2017 年	
合计	5 260.2	2 679.7	1 578.2	1 654.7	1 568.2	12 741
平均泌乳牛头数（头）	4 292	4 198	4 397	4 450	4 339	21 676
平均每头泌乳牛净收入（元）	12 255.8	6 383.2	3 589.2	3 718.3	3 614.2	5 877.9

6 问题与建议

（1）良补冻精由于采购价位较低，（15 元/支），使高水平最优良的种公牛冻精采购不上，一些高产奶牛，规模化牛场只有自行采购价位高的更优良的冻精，造成一些普通良补冻精的浪费或大量剩余。

（2）良补冻精使用后的后裔性能没有测定，虽然生产水平比以前有较大提高，但后裔的体尺性状、乳房结构等所达到的标准没有评价。

（3）人工授精的技术服务不能到位，影响受胎率以及良补冻精的推广。为此在良补冻精取得明显效果后，为了进一步提高奶牛生产水平，今后冻精应采购价位高的优良种公牛冻精，建议由种公牛站负责奶牛的人工授精技术的培训或者直接对客户所饲养的奶牛开展人工授精服务，并由种公牛站对使用其冻精后，所产后裔进行综合测定。

（本文发表于《新疆畜牧业》2018 年第 33 卷第 7 期）

多产母犊冻精的应用效果试验

摘　要：通过对种公牛睾丸进行连续的药物处理，采集其精液，制成多产母犊冻精，通过应用试验，情期受胎率达到 72.2%，母犊率 76.9%。而且后裔 13 月龄时测试其体重、胸围、体斜长等，与普通冻精后裔基本一致（*P*>0.05）。

关键词：多产母犊冻精；应用；效果

　　奶牛在自然繁育中，公、母犊出生比例大约各占一半，为了加快奶牛群的扩繁速度，提高奶牛的利用价值，利用人工手段控制奶牛出生性别。常用的方法是在体外利用不同新技术和仪器，对所采出的公牛精液进行含 X、Y 染色体精子分离，从而取得性控精液，这种方法虽然母犊率较高，但成本大，冻精在使用过程中对受配母牛的条件要求高，特别是性控冻精使用后，产后的健康状况较差。为此，除在现代化规模场有条件的应用外，在养殖户、养殖小区等的散养牛群中很难推广。本次试验，我们使用科研人员提供的通过对种公牛（睾丸）进行药物处理后采集其精液并制成"多产母犊"冻精，现将试验情况报道如下：

1　试验设计

1.1　试验材料

　　多产母犊冻精由石河子大学科研人员研究，试配母牛选择乌鲁木齐市近郊养殖小区的 2 个养殖大户，每户饲养成母牛 100 头以上。多产母犊冻精及普通冻精均由天山畜牧有限公司生产。

1.2　试验分组

　　每户设试验组与对照组，试验组使用多产母犊冻精，对照组使用普通冻精，试验组与对照组母牛不分胎次。

1.3 试验方法

采用人工授精法，对发情母牛根据分组，分别用不同冻精冷配，配种员固定1人。配种方法：实行1个情期2次配种，即早上发情下午配，第二天上午10点前加配1次；晚上发情第二天上午配，下午6点加配1次。配种前对受配母牛在产后20d用"清宫液"进行产道处理；对精液的品质（密度、活力）进行测试，活力较低时采用一次输精用二剂冻精。

2 试验结果

（1）试验组2户人家共配牛72头，其中，受胎牛52头，生产母犊40头；对照组2户人家共配牛64头，其中受胎牛48头，生产母犊23头。

（2）生长发育情况测试。对不同饲养环境下的2户养殖户，试验组与对照组所产母犊在13月龄时进行全面体尺测定，评价其生长发育状况。通过测定，试验组与对照组平均体重分别为439.8kg和367.7kg，胸围177.1cm和166.3cm，体高129.5cm和127.3cm，体斜长140.6cm和138.3cm。

（3）测试结果。多产母犊冻精情期受胎率达到72.2%，母犊率达到74.9%，13月龄体重平均达到367.7kg。其母犊率明显高于对照组所使用的普通冻精。

表1 试验对照

组别	配种数（个）	受胎数（个）	受胎率（%）	生产母犊数（%）	母犊率（%）	成活率（%）
试验组	72	52	72.2	40	76.9	100
对照组	64	48	75	23	47.9	99

3 结果分析

（1）情期受胎率。试验组、对照组分别为72.2%和75%（$P>0.05$）差异并不显著；而母犊率：试验组为76.9%，对照组为47.9%，相差29个百分点（$P<0.01$），差异极显著。

表 2　奶牛体尺测量表

	序号	牛号	月龄	体高 (cm)	背高 (cm)	肩高 (cm)	十字部高 (cm)	体斜长 (cm)	体直长 (cm)	胸围 (cm)	管围 (cm)	坐骨端高 (cm)	腰角宽 (cm)	头长 (cm)	最大额宽 (cm)	最小额宽 (cm)	尻长 (cm)	体重 (kg)
试验组	1	031	13	134	134	131	138	141	106	177	18	131	45	46	20	18	46	435
	2	021	13	137	134	133	139	153	110	194	18	126	49	50	22	17	48	555
畜主一	3	50	13	126	129	124	132	137	103	163	17	125	41	46	20	15	43	349
	4	47	13	130	130	128	134	142	102	159	17	130	42	45	19	17	43	327
	5	026	13	134	134	130	137	145	112	176	17	130	45	45	19	17	46	429
畜主二	1	1514	13	130	130	130	135	136	110	188	17	125	43	46	19	15	47	511
	2	1517	13	131	130	129	132	128	109	184	17	125	45	46	20	17	46	483
	3	1526	13	114	126	125	131	143	130	176	18	124	42	47	20	14	46	429
平均			13	129.5	130.9	128.8	134.8	140.6	110.3	177.1	17.4	127	44	46.4	19.9	16.3	45.6	439.8
对照组	1	025	13	132	137	127	137	135	113	167	16	139	42	47	19	17	43	372
畜主一	2	46	13	120	120	116	125	130	94	151	16	120	37	46	19	15	38	285
	3	24	13	127	127	126	132	143	108	167	17	126	46	47	19	18	47	372
	4	52	13	128	128	122	132	138	103	151	16	126	44	45	18	16	45	285
畜主二	1	1520	13	125	126	124	135	138	124	174	17	125	46	47	20	17	46	415
	2	1515	13	133	132	128	137	153	125	183	18	123	47	46	24	17	47	476
	3	1527	13	126	129	121	134	131	112	171	17	120	46	44	21	16	43	369
平均			13	127.3	128.4	123.4	133.1	138.3	111.3	166.3	16.7	125.6	44	46	20	16.6	44.1	367.7

（2）在同一饲养环境下，通过对试验组与对照组相同月龄（13月龄）牛的体尺测试，体重相差72.1kg（$P>0.05$）、体高相差2.2cm（$P>0.05$）、胸围相差10.8cm（$P>0.05$）、体斜长相差2.3cm（$P>0.05$）。

（3）与普通冻精以及市场所使用的性控冻精各项指标比较，多产母犊冻精优势比较明显（表3）。

表3　指标比较

指标	性控冻精	多产母犊冻精	普通冻精
精子活力	40万个以上/0.25mL	41万个/0.18mL	70万~80万个/0.25mL
精子密度	200万个/0.25mL	947.9万个/0.18mL	800万~1 000万个/0.25mL
情期受胎率（%）	45以上	72.2	75
母犊率（%）	90以上	76.9	47.9
使用方法及要求	人工授精 青年牛（头1~2胎） 子宫角1/3处输精	人工授精 母牛子宫颈口输精	人工授精 母牛子宫颈口输精
后裔生长健康状况	生长状况 健康状况 残疾率	良好 —	良好 —

4　讨论

（1）多产母犊精液还未商品化，其原理和对公牛的药物处理技术还未报道，但通过比较，母犊率虽然比目前市场所使用的性控冻精低15%左右，但比普通冻精高，2017年制作多产母犊冻精2 400剂，截至发稿时已受配母牛682头，已生产犊牛的母犊率达到71%，虽然比以前试验的76.9%略低，但比普通冻精还是高20%以上，且制作成本低，受胎率高，对受配母牛要求条件低，所产后裔健康。目前，市场上的国产性控冻精150~200元/剂，进口200~380元/剂，质量好的甚至接近500元/剂，使用成本高。而多产母犊冻精其制作成本将会比目前使用性控冻精明显要低。

（2）近年来，为达到尽快扩繁的目的，性控冻精多使用于现代化的高产奶牛规模场，一般受配母牛多是前1~2胎次且每一个情期只使用一次，返情后则换用普通冻精。由于其成本较高、对受配母牛条件要求高，因此管理水平低、生产水平低的规模场、特别是养殖小区以及其他的散养户则更多的是使用普通冻精。多产母犊冻精的研发其优势介于性控冻精和普通冻精之间，填补了各自的不足，其推广应用的前景和价值更大。

（本文发表于《中国牛业科学》2018年第4期）

利用生物技术控制奶牛性别的效果

摘　要: 运用 Zfy 干扰基因载体通过对荷斯坦种公牛睾丸进行连续处理后,采集其精液制成性别控制冻精(多产母犊冻精)。通过试验、应用,情期受胎率分别达到72.2%、65.4%,母犊率分别达到76.9%、71.6%,与普通冻精比较,母犊率分别高29%、23.7%,后裔13月龄时间测试其体重胸围体斜长等与普通冻精后裔基本一致($P>0.05$)。

关键词: 干扰基因;性别控制;效果

随着科学技术的发展,采取不同方法利用人工手段控制动物性别的技术逐步成熟,并应用于生产。在奶牛养殖生产中,为了加快奶牛群的扩繁速度,提高奶牛的利用价值,目前常用的方法是在体外利用先进仪器,对所采出的公牛精液进行 X、Y 精子分离,从而取得性控精液。这种方法虽然母犊率较高,但成本大,冻精在使用过程中对受配母牛的条件要求较高,而且受胎率低。本次试验应用的性控冻精是采用 RNA 干扰技术,通过对公牛睾丸进行 Zfy 干扰基因(Y 染色体相关锌指蛋白转录因子)载体连续注射后,采集其精液并制成性控冻精,为与其他性控冻精区分,我们把这种方法制作的性控冻精取名为"多产母犊"冻精。通过试验与应用母犊率达到71.6%以上。

1　试验与应用

1.1　冻精的来源

"多产母犊"冻精由石河子大学科研人员研究,试验与应用的"多产母犊"冻精和对照组使用的普通冻精均由新疆天山畜牧有限公司生产。

1.2　试验设计

试验时间为 2014 年,适配母牛选择乌鲁木齐市近郊养殖小区 2 个养殖大户，每户设试验组与对照组，试验组使用"多产母犊"冻精，对照组使用普通冻精，试验组与对照组的适配母牛不分胎次，同一圈饲养，同一人人工授精。

1.3 中试应用

时间为 2017 年，受配母牛选择在乌鲁木齐市近郊 3 个奶牛养殖小区，使用"多产母犊"冻精 2 000 支，配种母牛 1 048 头。

1.4 配种方法

采用人工授精方法，授精部位在宫颈口。多实行一个情期 2 次配种，即早上发情下午配，第 2 天上午 10 点加配 1 次；晚上发情第 2 天上午配，下午 6 点加配 1 次。配种前对所有适配母牛在产后 20d 用"清宫液"进行产道处理，对精液的品质（密度、活力）进行测试，密度、活力较低时采用一次输精用二剂冻精。

1.5 精液品质

对"多产母犊"冻精出厂时进行品质检测。结果见表 1。

表 1 多产母犊冻精品质检测

检测次数	抽检剂数（剂）	活力（%）	剂量（mL）	畸形率（%）	直线运动精子数（万）	菌落数（个）	检测结果
第 1 次	6	41.2	0.18	8.1	945.2	无	合格
第 2 次	6	40.8	0.18	10.2	950.6	无	合格

注：检测依据参考国家标准《牛冷冻精液》GB 4143—2008。

2 试验结果

2.1 试验情况（表 2）

试验组 2 户人家共配牛 72 头，其中受胎牛 52 头，生产母犊 40 头；对照组 2 户人家共配牛 64 头，其中，受胎牛 48 头，生产母犊 23 头。

表 2　试验结果

组别	配种数 （头）	受胎数 （头）	受胎率 （%）	生产母犊数 （头）	母犊率 （%）	成活率 （%）
试验组	72	52	72.2	40	76.9	100.0
对照组	64	48	75.0	23	47.9	99.0

2.2　生长发育情况测试（表3、表4）

在 2016 年 8 月 26 日，对不同饲养环境下的两户养殖户，试验组与对照组所产母犊在 13 月龄时进行全面体尺测定，评价其生长发育状况。通过测定，试验组与对照组平均体重分别为 439.8kg 和 367.7kg，胸围为 177.1cm 和 166.3cm，体高 129.5cm 和 127.3cm，体斜长 140.6cm 和 138.3cm。

3　中试应用结果（表5）

2018 年，对使用 2 000 支"多产母犊"冻精的受配母牛产犊情况进行统计。共产犊 685 头，其中成活母犊 381 头，死亡母犊 103 头，公犊 201 头。

4　结果分析

4.1　多产母犊冻精试验效果

受胎率达到 72.2%，母犊率达到 76.9%，13 月龄体重平均 439.8kg，而对照组受胎率 75%，母犊率 47.9%，母犊率相差 29%。13 月龄体重平均 367.7kg，体重相差 72.1kg。中试应用效果：受胎率平均达到 66.5%，母犊率平均达到 71.6%，较普通冻精高 23.7%，无论试验效果还是应用效果均比较明显。

4.2　死亡情况分析

在应用效果中小区 1 母犊平均死亡率达到 15.8%，死亡前的主要症状是拉稀、咳嗽，虽然没有对死亡母犊进行及时诊断，但结合发病季节（多发生在 4—5 月），发病后抗菌药物治疗效果差，以及小区疾病的流行情况、死亡原因可能与牛病毒性腹泻（BVDV）或其他病毒性疾病感染有关。通过与同一时期同一小区应用的普通冻精母犊死亡率比较，两者死亡率相差不明显，因此判断与所使用的母犊冻精关系不大。

表 3 试验组生长发育情况测试

单位	序号	牛号	月龄	体高 (cm)	背高 (cm)	肩高 (cm)	十字部高 (cm)	体斜长 (cm)	体直长 (cm)	胸围 (cm)	管围 (cm)	坐骨端高 (cm)	腰角宽 (cm)	头长 (cm)	最大额宽 (cm)	最小额宽 (cm)	尻长 (cm)	体重 (kg)
畜主一	1	031	13	134	134	131	138	141	106	177	18	131	45	46	20	18	46	435
	2	021	13	137	134	133	139	153	110	194	18	126	49	50	22	17	48	555
	3	50	13	126	129	124	132	137	103	163	17	125	41	46	20	15	43	349
	4	47	13	130	130	128	134	142	102	159	17	130	42	45	19	17	43	327
	5	026	13	134	134	130	137	145	112	176	17	130	45	45	19	17	46	429
畜主二	1	1514	13	130	130	130	135	136	110	188	17	125	43	46	19	15	47	511
	2	1517	13	131	130	129	132	128	109	184	17	125	45	46	20	17	46	483
	3	1526	13	114	126	125	131	143	130	176	18	124	42	47	20	14	46	429
平均			13	129.5	130.9	128.8	134.8	140.6	110.3	177.1	17.4	127	44	46.4	19.9	16.3	45.6	439.8

表 4 对照组生长发育情况测试

单位	序号	牛号	月龄	体高 (cm)	背高 (cm)	肩高 (cm)	十字部高 (cm)	体斜长 (cm)	体直长 (cm)	胸围 (cm)	管围 (cm)	坐骨端高 (cm)	腰角宽 (cm)	头长 (cm)	最大额宽 (cm)	最小额宽 (cm)	尻长 (cm)	体重 (kg)
畜主一	1	025	13	132	137	127	137	135	113	167	16	139	42	47	19	17	43	372
	2	46	13	120	120	116	125	130	94	151	16	120	37	46	19	15	38	285
	3	24	13	127	127	126	132	143	108	167	17	126	46	47	19	18	47	372
	4	52	13	128	128	122	132	138	103	151	16	126	44	45	18	16	45	285
畜主二	1	1520	13	125	126	124	135	138	124	174	17	125	46	47	20	17	46	415
	2	1515	13	133	132	128	137	153	125	183	18	123	47	46	24	17	47	476
	3	1527	13	126	129	121	134	131	112	171	17	120	46	44	21	16	43	369
平均			13	127.3	128.4	123.4	133.1	138.3	111.3	166.3	16.7	125.6	44	46	20	16.6	44.1	367.7

4.3 在同一饲养环境下，通过试验组与对照组相同月龄（13月龄）牛的体尺测试，体重相差72.1kg（$P>0.05$）、体高相差2.2cm（$P>0.05$）、胸围相差10.8cm（$P>0.05$）、体斜长相差2.3cm（$P>0.05$）。

表5 "多产母犊"冻精应用效果统计

单位	使用冻精数（支）	配种数（头）	受胎数（头）	情期受胎率（%）	成活母犊数（头）	死亡母犊数（头）	公犊数（头）	母犊率（%）
小区一	1 800	913	593	65	323	94	176	70.3
小区二	200	135	92	68	58	9	25	72.8
合计	2 000	1 048	685	65.4	381	103	201	71.6

5 结论

5.1 性控冻精推广价值

近年来为达到尽快扩繁的目的，常规性控冻精多使用于现代化的高产奶牛规模场，一般受配母牛多是前1~2胎次且每一个情期只使用1次，返情后则换用普通冻精。由于其成本较高、对受配母牛条件要求高，因此，管理水平低、生产水平低的规模场、特别是养殖小区以及其他的散养户则更多的是使用普通冻精。"多产母犊"冻精的研发其优势介于性控冻精和普通冻精之间，填补了各自的不足，其推广应用的前景和价值较大。

5.2 性控冻精原理

与在体外用仪器对公牛精液进行 X、Y 精子分离，控制性别的方法不同，本次试验和应用的性控精液是在体内通过分子生物学技术，特异精准的定向干扰 Y 精子的发育和形成，从而改变 X/Y 精子比例，达到从源头上控制动物性别的目的，用这种方法控制奶牛性别的效果是比较明显的。

（本文发表于《新疆畜牧业》2018年第10期）

Zfy 干扰基因对荷斯坦牛
性别控制的效果

摘　要： 为了控制犊牛的性别，提高母犊率，通过生物技术方法，运用 Zfy 干扰基因载体对荷斯坦种公牛睾丸进行连续处理后，采集其精液制成性控冻精。通过小规模试验和大群中试应用，情期受胎率分别达到72.2%、65.4%，母犊率分别达到76.9%、71.6%，与普通冻精比较，母犊率分别高出29个百分点和23.7个百分点。后裔13月龄测试，其体重、胸围、体斜长等与普通冻精后裔基本一致（$P > 0.05$）。说明这种性别控制的方法可行。

关键词： Zfy 干扰基因；荷斯坦牛；性别控制；效果

随着科学技术的发展，采取不同方法利用人工手段控制动物性别的技术逐步成熟，并应用于生产。在奶牛养殖生产中，为了加快奶牛群的扩繁速度，提高奶牛的繁殖力和利用价值，通过人工性控技术，改变公母比例，从而获得较多的母牛。目前常用的方法是在体外利用先进仪器，对所采出的公牛精液进行 X、Y 精子分离，从而取得性控精液。这种方法虽然母犊率较高，但成本大，冻精在使用过程中对受配母牛的条件要求较高，受胎率较低（仅45%），而且所产母犊体质较差，因此实际生产中较难推广。

Zfy 被称为与 Y 染色体相关的锌指蛋白转录因子（Y chromosome linked zinc-finger protein transcriptional factor），是位于 Y 染色体短臂上能够编码锌指蛋白的基因，其基因家族还包括位于 X 染色体上的 Zfx 和位于常染色体上的 Zfa。该基因家族对 DNA、RNA 起特异性的转录调控作用，因此，Zfy 基因被应用于哺乳动物的性别鉴定。最近的研究结果表明，Zfy 基因参与哺乳动物的单倍体生精细胞的更新分化和发育，对于减数分裂和精子生成至关重要，这为特异性干扰或控制单一的 X 或 Y 精子，从而从源头上控制动物性别提供了新的思路。

本次试验研究应用的性控冻精是采用 RNA 干扰技术，通过对公牛睾丸进行 Zfy 干扰基因载体连续注射后，采集其精液并制成性控冻精。为与其他性控冻精区分，笔者把这种方法制作的性控冻精取名为"多产母犊"冻精。本试验研究了这种冻精在实际生产中的应用效果，并与普通冻精进行了比较。

1　材料与方法

1.1　冻精的来源与品质

"多产母犊"冻精的制作方法由石河子大学科研人员研究提供，"多产母犊"冻精和对照组使用的普通冻精均由新疆天山畜牧有限公司生产。

根据国家标准《牛冷冻精液》GB 4143—2008 要求，检验试验用冷冻精液的品质。经对"多产母犊"冻精有关指标进行检测，各项指标均符合标准，即：活力≥35%，剂量≥18mL，畸形率≤18%，直线运动精子数≥800 万，菌落数≤800 个。详见表 1。

表 1　"多产母犊"冻精品质检测结果

检测次数	抽检剂数（剂）	活力（%）	剂量（mL）	畸形率（%）	直线运动精子数（万个）	菌落数（个）	检测结果
第一次	6	41.2	0.18	8.1	945.2	无	合格
第二次	6	40.8	0.18	10.2	950.6	无	合格

注：检测方法依据国家标准《牛冷冻精液》GB 4143—2008。

1.2　试验动物

适配母牛选择乌市近郊养殖小区 2 个养殖大户的健康和繁殖力好的成母牛，每户设试验组与对照组，试验组 72 头、对照组 64 头，试验组使用"多产母犊"冻精，对照组使用普通冻精，试验组与对照组的适配母牛不分胎次，同一圈饲养。

1.3　授精方法

采用人工授精方法，试验牛均由同一个人工授精员授精。授精部位为宫颈口。实行一个情期二次配种，即早上发情下午配，第二天上午 10 点加配一次；晚上发情第二天上午配，下午 6 点加配一次。对所有试验母牛在产后 20d 用"清宫液"进行产道处理，配种前对精液的品质（密度、活力）进行测试，密度、活力较低时采用一次输精用二剂冻精。

1.4 所产后裔的体重、体尺测定

对试验组与对照组所产母犊在 13 月龄时进行体重、体尺测定，评价其生长发育状况。测定指标和方法：用测杖测量体高，用专用卷尺测量胸围和体斜长。体高为鬐甲最高点到地面的垂直距离，胸围为肩胛后角处体躯的垂直周径，其松紧度以能插入食指和中指自由滑动为准，体斜长为从肩胛骨前缘到同侧坐骨结节后缘间的距离。

体重估测公式：体重＝胸围^2（m）×体斜长（m）×90。测量体尺的时间在下午 5 点牛上槽之后 10min 开始。

2 结果与分析

2.1 试验结果

试验组两户人家共配牛 72 头，其中，受胎 52 头，生产母犊 40 头；对照组 2 户人家共配牛 64 头，其中，受胎 48 头，生产母犊 23 头。详见表 2。

表 2 配种试验结果

组别	配种数（头）	受胎数（头）	受胎率（%）	生产母犊数（头）	母犊率（%）	成活率（%）
试验组	72	52	72.2	40	76.9	100
对照组	64	48	75	23	47.9	99

2.2 后裔发育状况

经对试验组与对照组所产母犊在 13 月龄时的体重体尺测定，体重分别为 439.8kg 和 367.7kg，胸围为 177.1cm 和 166.3cm，体高为 129.5cm 和 127.3cm，体斜长为 140.6cm 和 138.3cm。详见表 3。

2.3 中试应用结果

2018 年，在乌鲁木齐市近郊的 3 个奶牛养殖小区，选择饲养条件较好的 24 家养殖户，共计 1 485 头成母牛进行了"多产母犊"冻精的中试应用，共配母牛 1 048 头，受胎 685 头，受胎率 65.4%。共产母犊 484 头，母犊率 71.6%。详见表 4。

表3 奶牛13月龄体尺、体重测量表

组别	序号	牛号	体高 (cm)	背高 (cm)	肩高 (cm)	十字部高 (cm)	体斜长 (cm)	体直长 (cm)	胸围 (cm)	管围 (cm)	坐骨端高 (cm)	腰角宽 (cm)	头长 (cm)	最大额宽 (cm)	最小额宽 (cm)	尻长 (cm)	体重 (kg)
试验组 畜主一	1	031	134	134	131	138	141	106	177	18	131	45	46	20	13	46	435
	2	021	137	134	133	139	153	110	194	18	126	49	50	22	17	48	555
	3	50	126	129	124	132	137	103	163	17	125	41	46	20	15	43	349
	4	47	130	130	128	134	142	102	159	17	130	42	45	19	17	43	327
	5	026	134	134	130	137	145	112	176	17	130	45	45	19	17	46	429
畜主二	1	1514	130	130	130	135	136	110	188	17	125	43	46	19	15	47	511
	2	1517	131	130	129	132	128	109	184	17	125	45	46	20	15	46	483
	3	1526	114	126	125	131	143	130	176	18	124	42	47	20	14	46	429
平均			129.5	130.9	128.8	134.8	140.6	110.3	177.1	17.4	127	44	46.4	19.9	16.3	45.6	439.8
对照组 畜主一	1	025	132	137	127	137	135	113	167	16	139	42	47	19	17	43	372
	2	46	120	120	116	125	130	94	151	16	120	37	46	19	15	38	285
	3	24	127	127	126	132	143	108	167	17	126	46	47	19	18	47	372
	4	52	128	128	122	132	138	103	151	16	126	44	45	18	16	45	285
畜主二	1	1520	125	126	124	135	138	124	174	17	125	46	47	20	17	46	415
	2	1515	133	132	128	137	153	125	183	18	123	47	46	24	17	47	476
	3	1527	126	129	121	134	131	112	171	17	120	46	44	21	16	43	369
平均			127.3	128.4	123.4	133.1	138.3	111.3	166.3	16.7	125.6	44	46	20	16.6	44.1	367.7

表4 "多产母犊"冻精中试应用效果统计表

	使用冻精数（支）	配种数（头）	受胎数（头）	情期受胎率（%）	成活母犊数（头）	死亡母犊数（头）	公犊数（头）	母犊率（%）
小区一	1 800	913	593	65	323	94	176	70.3
小区二	200	135	92	68	58	9	25	72.8
合计	2 000	1 048	685	65.4	381	103	201	71.6

2.4 对结果的分析

（1）多产母犊冻精试验效果表明，受胎率达到 72.2%，母犊率达到 76.9%，后裔 13 月龄体重平均达到 439.8kg。而对照组受胎率 75%，母犊率 47.9%，与试验组相比，母犊率相差 29 个百分点，后裔 13 月龄体重平均为 367.7kg，与试验组相比相差了 72.1kg。中试应用效果：受胎率平均达到 65.4%，母犊率平均达到 71.6%，无论试验效果还是应用效果均比较明显。

（2）在应用效果中，小区一的母犊死亡率达到 22.5%，死亡前的主要症状是拉稀、咳嗽，虽然没有对死亡母犊进行及时诊断，但结合发病季节（多发生在 4—5 月）、发病后抗菌药物治疗效果差，以及小区疾病的流行情况分析，死亡原因可能与牛病毒性腹泻（BVDV）或其他病毒性疾病感染有关。通过与同一时期同一小区应用普通冻精所产母犊的死亡率比较，两者相差不明显，因此，判断与所使用的"多产母犊"冻精关系不大。

（3）在同一饲养环境下，通过对试验组与对照组相同月龄（13 月龄）牛的体尺测试，后者比前者体重相差 72.1kg（$P > 0.05$）、体高相差 2.2cm（$P > 0.05$）、胸围相差 10.8cm（$P > 0.05$）、体斜长相差 2.3cm（$P > 0.05$）。

3 讨论

（1）探索安全高效廉价的生物技术，合理定向控制动物性别对于快速扩繁动物种群数量，优化动物繁育体系，促进育种进程，提高群体中与性别相关的生产性状（如毛皮性状、产肉性状）获得更大的经济效益有重大意义。对决定动物性别的相关基因及其调控机制的研究一直以来都是动物科学领域和动物遗传育种与繁殖专业的研究热点。由于绝大多数动物都是雌雄异体，参与动物性别决定、分化和性腺发育的相关基因及其调控机制复杂多变。但是有一个基因的功能自始至今都备受关注，即 Zfy 基因。虽然 Zfy 基因一直以来备受关注，但是性别控制中的作用机理尚不完全清楚，在动物性别控制，尤其是在哺乳动物精子生成过程中的作用机理还需进一步探索研究。本次试验进一步证明利用生物技术控制奶牛性别的方法的可行性，但这种技术还需进一步成熟转化。

（2）与在体外用仪器对公牛精液进行 X、Y 精子分离的控制性别的方法不同，本次试验和应用的性控精液是在体内通过分子生物学技术，特异精准地定向干扰 Y 精子的发育和生成，从而改变 X/Y 精子比例，达到从源头上控制动物性别的目的。近年来，为达到尽快扩繁的目的，利用 X、Y 精子分离技术生产的常规性控冻精多用于现代化的高产奶牛规模场，一般受配母牛多是 1~2 胎牛，且每一个情期只使用一次，返情后则换用普通冻精。由于其成本较高，国内产品 150~200 元/剂、国外产品 300~500 元/剂，而且对受配母牛条件要求高，虽然母犊率高，但受胎率低、精子密度和活力低。因此，管理水平低、生产水平低的规模牛场，特别是养殖小区以及其他的散养户则更多使用普通冻精。"多产母犊"冻精的研发其优势介于性控冻精和普通冻精之间，虽然母犊率比常规性控冻精低 20% 左右，比普通冻精高 20% 左右，但其受胎率高、成本低，控制奶牛性别的方法简单、方便易操作，使用后所产母犊生长发育较好，从而填补了性控冻精和普通冻精的不足，其推广应用的前景和价值较大。

（本文发表于《中国奶牛》2019 年第 3 期）

蒙贝利亚与荷斯坦杂交一代成母牛生长性能的比对研究

摘 要： 以蒙贝利亚牛为父本，以荷斯坦牛为母本，进行蒙×荷杂交，抽测其 F_1 代 30~34 月龄、35~40 月龄、41~45 月龄的体尺变化，平均胸围、体斜长、体高、体重分别为 200cm、160cm、138.8cm、602.75kg；202cm、160.7cm、141.3cm、617kg；210.4cm、172cm、144.9cm、668.6kg，通过与同一环境下饲养的荷斯坦牛和不同地区国内引进的纯种蒙贝利亚牛比较，其体尺状况均表现优良，说明蒙×荷杂交的育种方向可行。

关键词： 蒙贝利亚×荷斯坦；杂交后代；体尺；表现

新疆地区奶牛的存栏量在 300 万头左右，多以荷斯坦奶牛为主，其中规模场饲养占到 1/3，其他多以散养户为主。近年来，规模牛场由于疾病感染率高等原因，奶牛平均淘汰率在 30% 以上。而散养户，由于生产水平较低，奶牛年平均单产不足 5 000kg，而且乳脂率、乳蛋白率较低，因此，为了提高奶牛利用率和饲养的综合效益，改良现有奶牛的品种，适度发展肉奶兼用型牛具有现实意义。2013 年，我们引进法国蒙贝利亚公牛的冻精，以荷斯坦奶牛为母本，进行杂交试验，并与纯种荷斯坦奶牛进行同步比较，现将研究结果报道如下。

蒙贝利亚牛属法国乳肉兼用型品种，其适应性和抗病力较强，乳蛋白和乳脂率高，成年母牛体重可达到 650~750kg，公牛可达到 800~1 000kg。平均产奶量 7 000kg 以上，产奶虽不及荷斯坦奶牛品种，但其利用年限长，产肉率较高，特别是公犊育肥，可产生明显的经济效益。截至目前，我国引进蒙贝利亚牛的纯种饲养性能表现已见报道，但以蒙贝利亚牛为父本，以荷斯坦为母本进行杂交的研究却极少见报道。本试验研究蒙×荷杂交 F_1 代成母牛的生长性能，并与荷斯坦成母牛进行比较，为今后散养户发展乳肉兼用型牛提供参考。

1 材料与方法

1.1 实验设计

选择30~34月龄的非孕母牛 F_1 代4头，比对组荷牛2头；35~40月龄非孕母牛 F_1 代11头，比对组荷牛9头；41~45月龄非孕母牛 F_1 代7头，比对组荷牛9头，测其胸围、体重、体直长、体斜长与体高。

1.2 饲养管理

无论试验组还是比对组，均在同一饲养环境下混合饲养，均采用自由卧栏式散养。犊牛培育、青年牛的饲养、泌乳牛的管理、挤奶等管理方式一致。饲喂全混合日粮，人工授精，机械挤奶。

1.3 研究方法

分别于2017年4月与2017年8月二次对非孕牛进行胸围、体重、体直长、体斜长、体高的测量，每次测量在上槽后，饲喂前记录测量牛的牛号，成长月龄。体高为鬐甲最高点到地面的垂直距离（用测杖量）；胸围为肩胛骨后角处体躯的周长（卷尺）；松紧度以能插入食指自由滑动为准；体直长为切于肱骨前突起（肩端）的垂线到切于坐骨结节最后突起（坐骨端）的垂线之间的直线距离（卷尺）；体斜长为肩胛骨前缘到同侧坐骨结节后缘的距离（卷尺）。体重测算方式：体重原理：胸围2（m）×体斜长（m）×90（自动显示）；体长指数：体斜长/体高×100%；体躯指数：胸围/体斜长×100%；胸围指数：胸围/体高×100%。

2 结果与分析

2.1 30~34月龄蒙×荷 F_1 代与荷牛体尺抽测状况

表1 30~34月龄蒙×荷 F_1 代与荷牛体尺抽测状况

	序号	牛号	月龄 （月）	胸围 （cm）	体直长 （cm）	体斜长 （cm）	体高 （cm）
杂交 F_1 代	1	15012	32	197	150	159	136
	2	15016	32	208	150	164	135
	3	15018	32	200	157	163	142
	4	14188	34	196	143	154	142

（续表）

	序号	牛号	月龄 （月）	胸围 （cm）	体直长 （cm）	体斜长 （cm）	体高 （cm）
荷牛	1	15016	32	190	143	161	139
	2	15065	32	188	141	159	136

表 2　蒙×荷 F_1 代与荷牛体尺平均性状比较

	月龄 （月）	胸围 （cm）	体直长 （cm）	体斜长 （cm）	体高 （cm）	体重 （kg）	体长 指数	体躯 指数	胸围 指数
杂交 F_1 代	30~34	200	150	160	138.8	602	115.3	125	144.1
荷牛	30~34	189	142	160	137.5	520	116.4	118.1	137.5

从表1、表2中可知，差异较显著的是 F_1 代比荷牛平均胸围大 11cm，体重大 82.75kg，其他指标与荷牛相等或略高于荷牛。

2.2　35~40 月龄蒙×荷 F_1 代与荷牛体尺抽测状况

表 3　35~40 月龄蒙×荷 F_1 代与荷牛体尺抽测状况

	序号	牛号	月龄 （月）	胸围 （cm）	体重 （kg）	体直长 （cm）	体斜长 （cm）	体高 （cm）
	1	14173	35	210	673	153	156	141
	2	14174	35	196	569	141	154	139
	3	14178	35	183	476	140	152	143
	4	14064	35	241	862	157	166	137
	5	14012	36	196	569	133	161	142
杂交 F_1 代	6	14142	37	192	540	148	159	137
	7	14151	37	189	518	147	156	133
	8	14132	38	205	644	149	160	144
	9	14138	38	208	659	148	164	145
	10	14178	39	189	516	139	160	148
	11	14181	39	223	760	165	180	145

（续表）

	序号	牛号	月龄 （月）	胸围 （cm）	体重 （kg）	体直长 （cm）	体斜长 （cm）	体高 （cm）
荷牛	1	14156	36	201	606	150	159	143
	2	14159	36	186	497	147	137	137
	3	14164	36	200	599	142	152	137
	4	14153	37	195	562	148	162	141
	5	14123	38	206	644	145	157	144
	6	14128	38	190	525	147	153	141
	7	14129	38	198	584	151	157	138
	8	14120	39	198	584	150	143	143
	9	14103	10	207	651	152	162	138

表4　蒙×荷 F_1 代与荷牛体尺平均性状比较

	月龄 （月）	胸围 （cm）	体直长 （cm）	体斜长 （cm）	体高 （cm）	体重 （kg）	体长 指数	体躯 指数	胸围 指数
杂交 F_1 代	35~40	202	147.3	160.7	141.3	617	113.7	125.7	143
荷牛	35~40	197.9	148	153.6	140.2	583	109.6	128.8	140

通过比较，在35~40月龄时，蒙荷杂交一代胸围、体斜长、体重均大于荷斯坦牛，其他性状没有明显差异。

2.3　41~45月龄蒙×荷 F_1 代与荷牛体尺性状抽测状况

表5　41~45月龄蒙×荷 F_1 代与荷牛体尺性状抽测状况

	序号	牛号	月龄 （月）	胸围 （cm）	体重 （kg）	体直长 （cm）	体斜长 （cm）	体高 （cm）
杂交 F_1 代	1	14141	41	191	533	150	172	140
	2	14060	41	222	750	158	170	147
	3	14093	41	199	591	153	162	140
	4	14138	42	224	766	148	174	145
	5	14062	45	206	644	164	179	143
	6	14066	45	230	790	162	185	148
	7	14093	45	201	606	138	162	143

（续表）

	序号	牛号	月龄 （月）	胸围 （cm）	体重 （kg）	体直长 （cm）	体斜长 （cm）	体高 （cm）
	1	14061	41	216	606	151	163	145
	2	14065	41	197	497	150	160	143
	3	14153	41	199	599	145	171	146
	4	14128	42	194	562	145	162	147
荷牛	5	14129	42	212	644	153	157	139
	6	14120	43	196	525	150	170	148
	7	14017	44	200	584	140	137	137
	8	14013	44	217	584	150	173	141
	9	14014	45	202	651	155	177	145

表6　蒙×荷 F_1 代与荷牛体尺平均性状比较

	月龄 （月）	胸围 （cm）	体直长 （cm）	体斜长 （cm）	体高 （cm）	体重 （kg）	体长 指数	体躯 指数	胸围 指数
杂交 F_1 代	41~45	210.4	153.3	172	144.9	668.6	118.7	122.3	145.2
荷牛	41~45	203	149.8	163.3	142.8	583.6	114.4	124.3	142.5

通过比较，在41~45月龄时，蒙荷杂交 F_1 代胸围、体斜长、体重均大于荷斯坦牛，其他性状表现差异不大。

3　分析与讨论

3.1　蒙×荷 F_1 代体尺性状与纯种蒙贝利亚、荷斯坦奶牛的比对研究

资料报道，我国最早引进蒙贝利亚牛是1987年6月，共引进169头，分别饲养在新疆呼图壁种牛场、内蒙古高林屯种畜场、四川阳平种牛场、吉林查干花种畜场、北京延庆奶牛场。经过饲养，纯种的生产性能、体尺、体重与原种介绍的接近。但用蒙贝利亚作为父本，与当地荷斯坦奶牛杂交在国内还未见报道。纯种蒙贝利亚成母牛在国内饲养平均体高127.1~130.2cm，体斜长152.1~161.1cm，胸围189.1~195.1cm，体重489.5~551.9kg。而本次试验的蒙×荷 F_1 代成母牛41~45月龄平均胸围为210.4cm，体斜长172cm，体高144.9cm，体重668.6kg，均高于国内引进的纯种蒙贝利亚母牛。而与纯种荷斯坦奶牛不同月份体尺变化比较，其胸围、体长、体重指标均较高。特别是平均体重指标在30~34月龄时高82.8kg；在35~40月龄时高34kg；而在

41~45 月龄时高 85kg，因此，证明蒙×荷 F$_1$ 代的体尺性能表现优良。

3.2 蒙×荷 F$_1$ 代体尺状况与西门塔尔×荷斯坦 F$_1$ 代的比对研究

张金松报到，我国东北地区德系西门塔尔×荷斯坦 F$_1$ 代体高、体斜长、胸围分别为 116.9cm、125cm、155.8cm。李春芳等研究报道，6 月龄西门塔尔×荷斯坦 F$_1$ 代体高、体斜长、胸围分别为 103cm、198.58cm、134.5cm。体长指数、胸围指数、体躯指数分别为 191.34%、130.60%、108.30%。本试验研究结果显示 30~34 月龄蒙×荷杂交平均体高、体斜长、胸围指标分别为 138.8cm、160cm、200cm，而体长指数、胸围指数、体躯指数分别为 115.3%、144.1%、125%。

4 结论

（1）本次试验结果证明，蒙×荷杂交在我国新疆是成功的尝试，其 F$_1$ 代生长性状比纯种蒙贝利亚、荷斯坦、西门塔尔×荷斯坦 F$_1$ 代牛在国内的表现都要突出。这为在我国不同地区发展乳用兼用型牛提供了新的杂交模式。

（2）新疆的奶牛主要以荷斯坦为主，不同管理方式之间的生产水平相差较大。其中，规模牛场虽然产量表现较高，但淘汰率高；而占多数的散养户则表现的饲养成本高、产量低，养牛的综合效益都表现的较差。如果利用蒙×荷杂交的模式改良低产奶牛，养殖户养牛的综合效益方能凸显。

（本文发表于《中国牛业科学》2018 年第 3 期）

羊非繁殖季节人工授精应注意的事项

羊非繁殖季节人工授精技术在兵团各场团的迅速推广和应用，大大加快了羊的品种改良步伐。第十二师自 2001 年承担《兵团高效养羊科技示范建设项目》以来，开展非繁殖季节人工授精杂交改良工作，取得了明显的成效，但在实施和操作过程中仍存在许多问题。根据近几年的实践，针对易被忽视的关键环节提出以下注意的事项，以期提高羊非繁殖季节人工授精的效果。

1 种公羊的调教、饲养管理及生殖保健

1.1 种公羊的调教

对初配种公羊，当性反射不敏感或不爬跨母羊时，必须加以调教，具体方法如下。

（1）用发情母羊的尿或分泌物抹在公羊的鼻尖上，这样种公羊会因外激素的刺激引起性欲而爬跨母羊，经几次采精后即可调教成功。

（2）将公羊放入母羊群，待几天后会爬跨时牵出，当以上两种方法都不生效时，也可让待调教的种公羊观摩其他公羊采精，然后再令其爬跨或者让其空爬数次，但不要让其射精，以免降低种公羊的性欲。另外，按摩睾丸，每天早晚各一次，每次 10~15min，或调整日粮，改善管理，加强运动等均有利于种公羊的调教。

调教种公羊应在良好的环境中进行，要求场地宽敞、安静通风、平坦清洁场地，并且调教人员要固定，以避免各种不良因素的影响。

调教过程中，要反复进行训练，耐心诱导，切忌强迫、恐吓、甚至抽打等不良的刺激，否则，会造成调教困难。

在调教过程中，获得第 1 次爬跨采精成功后，还要经过 10 多次重复以使公羊建立稳固的性反射条件。

1.2 配种期的饲养管理

非繁殖季节采用生物高效繁殖生产新体系，种公羊必须给予多样化的饲

草料，日粮要求营养丰富全面，容积小且多样化、易消化、适口性好，特别要求蛋白质、维生素和矿物质的充分满足。在配种期，80~90kg 的种公羊日喂：混合精料 0.8~1.0kg，优质干草 2kg，胡萝卜 0.5~1.5kg，食盐 18g，带壳鸡蛋 4~6 个。每日饲草分 3 次供给，保证充足饮水，放牧及运动时间不低于 6h。

1.3 种公羊的生殖保健

种公羊在非繁殖季节易出现生殖能力下降或生殖障碍，因此，在实施合理饲养的同时，应在正式配种前 1 个月开始采陈精，陆续采精 20 次左右。对于确定参加配种的种公羊，连续 10~14d。对于性欲低下、精液品质正常的种公羊，每只注射丙酸睾丸素 50mg、维生素 E 100mg，连续 7d，同时，每天静脉注射促排卵 3 号 100μg 或 HCG（人类绒毛膜促性腺激素）1 000U。对于性欲正常、精液品质较差的种公羊，每只注射丙酸睾丸素 50mg，维生素 E 100mg，连续 7 天，同时隔日一次肌内注射 FSH（促卵泡素）100U 或 PMSG（孕马血清促性腺激素）300U。每日 2 次以热毛巾按摩睾丸，每次 10~15min。

2 采精

2.1 采精前的准备

台羊的准备：台羊应选择健康无病、发情旺盛、体格大小适中的母羊，将其后躯擦拭、消毒后保定在采精架上备用。

种公羊的准备：采精前 30min 用温毛巾将种公羊的阴茎擦拭干净。

假阴道的安装消毒：采精前 30min 应将假阴道安装消毒好。安装时将内胎光滑面向里，装入假阴道外壳内，再将内胎两端翻套在外壳上，松紧度要适当，最后用橡皮圈固定。检查合格后用 75%酒精棉球擦拭消毒，待酒精挥发后备用。

安装集精杯：将集精杯保温瓶安装在假阴道上，若外界温度低于 18℃ 先将集精杯保温瓶内装上 35℃ 的温水后再装上集精杯，然后用生理盐水冲洗 2~3 次。

涂润滑剂：用灭菌玻棒蘸取灭菌凡士林或用葡-柠-卵稀释液由外向内涂抹在假阴道的前 1/3~1/2 处。

灌入温水：由假阴道注水孔向夹层内注入温水（冬季 45~55℃，温暖季节 42~45℃）约 150mL，采精时假阴道内壁的温度应保持在 39~40℃。

吹气调压：向假阴道夹层内吹入适量的空气使假阴道形成一定的压力。安装合格的假阴道吹气调压后，口部形成三角形，即"Y"形。

假阴道只有在适宜的温度、润滑度和压力下，才能使采精顺利进行。

2.2 采精方法

采精人员蹲在台羊的右后侧，右手持假阴道与地面成35°角，当公羊爬到台羊背上并伸出阴茎时，迅速将假阴道紧贴台羊腹部左手轻托公羊阴茎将阴茎导入假阴道内。当公羊抬头挺腰向前冲时即表示射精。公羊射精后滑下台羊时取下假阴道，并立即将假阴道竖立。收集精液时先将假阴道水平放置，排出空气，注意防止水混入精液，然后取下集精杯，盖上集精杯盖。

2.3 采精时其他注意事项

气温低采精时，在集精杯的保护瓶中可装入适量温水，假阴道可用毛巾包裹以保持一定的温度和防止阳光照射，注意保持18℃的温度。

采精频率要适当，种公羊每周可采精3天，每天可采精2~4次。

采精时，周围环境要安静，防止众人围观，以免影响公羊射精。

采下的精液应立即用保温瓶送往检精室检查，精液在运输过程中要严防剧烈震荡，并尽可能缩短途中的运输时间。

采精的时间、地点和采精员应固定，这样有利于公羊形成良好的条件反射。

最好1次爬跨即能采取精液，多次爬跨容易使精液受到污染。

应注意观察种公羊的反应和行为，随时调整假阴道内胎的温度和压力。

3 精液品质检查

3.1 射精量的检查

单层集精杯带有刻度，采精后直接观测读数即可；若使用双层集精瓶，则要倒入有刻度的玻璃管中观测或用5mL注射器吸入后测量。

3.2 精液颜色的检查

正常精液的颜色为乳白色或略显黄色。如精液呈浅灰色或浅青色，是精子少的特征；深黄色表明精液内混有尿液；粉红色或红色表明精液内混有血液；红褐色表明尿道中有旧的损伤；如果精液中有絮状物质则说明精囊发炎。

凡是颜色异常或有异物的精液均不能用于输精。

3.3 精液气味的检查

正常精液微有腥味，若精液有尿味或腐败臭味时，不得用于输精。

3.4 观察精液状态

用肉眼观察采取的公羊精液可以看到由于精子运动所引起的翻腾活动，极似云雾的状态，称为云雾状。精子的密度越大，活力越强，则其云雾状态越明显，因此，根据云雾状表现得明显与否，可以大体上判断精子的活力和密度。

3.5 精子活力的检查

精子活力现在大多采用百分率来评定，如活力为0.80，即表示精液中直线前进运动的精子数占总精子数的80%，原精活力应在0.60以上。精子活力是评定精液品质优劣的重要指标，一般对采精后的鲜精、稀释后的精液和冷冻后的精液都应进行活力检查。方法如下：用干净玻璃棒蘸取待检精液少许（若为原精液可用等渗生理盐水或稀释液稀释，混匀），滴在干燥载玻片上，盖上盖玻片，将其温度逐渐升高，并放在38~40℃温度下用200~400倍的显微镜检查。

4 精液稀释

精液稀释的目的有两个，对不保存的精液是为了扩大精液量，便于授精操作；对要保存的精液是为了延长精子的存活时间，利于保存和运输。

4.1 稀释液配方及配制方法

柠檬酸钠1.4g，葡萄糖3.0g，消毒蒸馏水加100mL，充分溶解后，过滤至另一容器内，煮沸消毒10~15min。取上述溶液80mL，待冷却后再加新鲜卵黄20mL，青霉素、链霉素各10万U。

4.2 精液的稀释及处理

精液稀释一般根据情况做1~4倍稀释，调整稀释液的温度与精液等温，量取稀释液缓慢地沿着器壁倒入原精液中，使其混合均匀，缓慢倒入的目的是为了防止精子遭受冲击而降低活率。精液稀释后应尽快检查，尽快输精，防止低温打击及冷却。

5 精液的保存与运输

5.1 注意精液的保存

精液的保存一般有常温（18～20℃）和低温（2～5℃）两种方法。将精液用葡-柠-卵稀释液稀释后分装于青霉素瓶内，盖紧瓶盖，排净空气，并在瓶口周围包上一层塑料薄膜，将大小合适的塑料杯放入手提保温瓶内，杯底和四周都衬上一层厚厚的棉花，把精液瓶放入其中。

5.2 精液的运输

在精液的运输过程中，要防止剧烈震荡，尽可能缩短途中运输时间，当精液送达输精点时，在室温下使精液温度升高到18～25℃，以恢复精子的活力，输精前还应检查精液品质，合格后方可用于输精。

6 输精

6.1 输精前的准备

母羊经发情鉴定合格后才能给以输精，最好在母羊发情的中后期或发情开始后的12～18h内输精。输精前母羊的外阴部用0.1%新洁尔灭或75%酒精棉球擦拭消毒。母羊要加以保定，使其前低后高，以防精液倒流。

6.2 注意输精方法

将消毒和用生理盐水湿润过的开膣器轻轻地插入母羊阴道至子宫颈外口处，再将输精器通过开膣器插至子宫颈口0.5～1cm处，将精液徐徐注入，然后抽出输精器和开膣器。为提高受胎率，可采用1次发情2次输精的方法。

6.3 输精时其他注意事项

严禁技术人员酒后或抽烟操作，以避免刺激性气味杀伤精子，影响精子活力。

输精前，必须对母羊外阴部清洗消毒，用消毒卫生纸擦净外阴，然后输精。

　　开膣器在每次使用前必须用生理盐水湿润。若开膣器污染必须用消毒卫生纸擦净，然后用生理盐水清洗2次，方可使用。开膣器在阴道内始终保持开张状态，不能关闭，以免夹伤阴道黏膜。取开膣器时，旋转90°以后再取出，防止精液倒流。

　　输精时，要避开太阳光操作，防止紫外线对精子的伤害。

　　输精完毕后，保持母羊倒立1~2min，并在母羊的臀部猛拍一下，也可防止精液倒流。

　　输精完毕后，所用器械及时清洗消毒以备后用，并做好输精配种记录。

（本文发表于《新疆畜牧业》2005年第6期）

羊复合孕酮海绵栓阴道放置器的制作方法及应用效果

摘　要： 对羊复合孕酮海绵栓阴道放置器的制作及使用时应注意的事项进行了详细的阐述，并利用自制羊复合孕酮海绵栓阴道放置器在非繁殖季节进行诱导发情试验，取得了良好的效果。试验选择在非繁殖季节（5 月）进行，将 100 只绵羊随机分成 2 组，两组在埋植时间、撤栓时间、使用的药品、处理等方面都相同。第 1 组羊阴道海绵栓浸油用手放置；第 2 组羊海绵栓浸油用放置器放置。结果表明，第 1 组污染、粘连率 24%，母羊发情同期率 88%；第 2 组污染、粘连率 2%，母羊发情同期率 98%，两组差异显著（$P<0.05$）。

关键词： 非繁殖季节；诱导发情；复合孕酮海绵栓阴道放置器

1　羊复合孕酮海绵栓阴道放置器的制作

1.1　材料的选择

选择直径 2cm 和 1.5cm 的白 PVC 塑料管各 1 根。

1.2　制作方法

将长度为 20cm、直径 2cm 白 PVC 塑料管的一端，从 2.5cm 处斜着锯掉，形成一斜面，并将 PVC 塑料管的两端打磨光滑；在锯掉的一端 7.5cm 处，锯一长 4cm、深 1cm 的缺口，此为羊复合孕酮海绵栓放置孔；将长度 30cm、直径 1.5cm 白 PVC 塑料管两端打磨光滑作为放置器的推杆。

1.3　放置器的使用

将羊复合孕酮海绵栓阴道放置器用消毒溶液浸泡消毒，临用时用消毒纱布擦干。用消毒镊子取出复合孕酮海绵栓，从放置孔放入复合孕酮海绵栓，

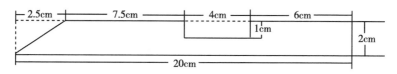

图1 羊复合孕酮海绵栓放置器外套示意图

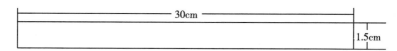

图2 羊复合孕酮海绵栓放置器推杆示意图

用放置器推杆将复合孕酮海绵栓推到放置器前端合适的位置。由助手清洗消毒并用消毒过的卫生纸擦净母羊外阴及其周围皮肤，另由一人保定母羊。操作者将放置器推杆放入放置器，以放置器尖端向前，沿母羊阴道纵轴轻轻将放置器送入母羊阴道底部，推动放置器推杆将复合孕酮海绵栓轻轻送至母羊阴道底部，然后拔出放置器。

1.4 使用放置器应注意的问题

（1）放置器的外套和推杆两端及放置孔周围必须打磨光滑，以免刮伤阴道黏膜和便于彻底消毒。

（2）放置器、镊子在使用前必须用消毒溶液浸泡消毒，用时用消毒纱布擦干。从放置孔放海绵栓时必须用消毒的镊子放入，切记不要用手拿。用放置器放栓时要注意母羊外阴部的清洗消毒，以免污染母羊阴道，引起母羊子宫炎症及复合孕酮海绵栓与阴道的粘连。

（3）用放置器推杆复合孕酮海绵栓推到放置器前端，不要超过放置器前端斜面，以防放栓时污染复合孕酮海绵栓。

（4）配制1%灭菌土霉素植物油，埋栓时蘸少许，可防治子宫炎症和复合孕酮海绵栓与阴道的粘连。

（5）撤栓时要保定好羊只，并对母羊外阴部清洗消毒后，用消毒卫生纸擦净外阴，用止血钳夹住阴门外留的棉线将复合孕酮海棉栓轻轻拉出。若棉线缩入阴道，要用开膣器打开阴道后用肠钳轻轻取出。在整个操作过程中，操作者动作要适度，以免损伤阴道黏膜。若出现粘连，应小心剥离，并用1%灭菌土霉素溶液冲洗阴道，以免感染。

2 试验材料与方法

2.1 供试母羊的选择与管理

在非繁殖季节（2005 年 5 月 5 日），选择膘情中等以上的绵羊 100 只，作为供试母羊。参试羊往年发情状况良好，年龄在 2~5 岁，饲养方式为半放牧半舍饲，处理前母羊断奶 60d 以上。将 100 只参试母羊随机分成 2 组，每组 50 只，统一编号，统一饲养。

2.2 供试药品

PMSG 为天津华孚高新生物技术公司生产；HCG 为宁波激素制品有限公司生产；复合孕酮制剂为石河子大学动物科技学院研制；CIDR（阴道孕酮释放装置）为石河子大学动物科技学院研制。

2.3 试验处理

两组羊在埋植时间、撤栓时间、使用药品、处理等方面都相同。选择试验母羊进行标记，阴道埋植 CIDR，同时，肌内注射复合孕酮制剂 1mL。埋植 14d 撤栓，同时，肌内注射 PMSG 400~500U。撤栓时观察记录 CIDR 的污染及粘连情况。撤栓后 24h 开始试情，记录发情羊号和发情起始时间，统计同期发情结果。

2.4 发情鉴定

主要采用试情公羊试情的发情鉴定方法。撤出 CIDR 24h 后，每隔 12h 用试情公羊早、晚各试情 1 次。间隔 12h，观察母羊发情行为。试情公羊与供试母羊比例通常为 1∶30，试情一般持续时间为 30~60min。当母羊表现为主动接近公羊或公羊尾随母羊，并且当公羊用前蹄轻踢其腹部及爬跨时，母羊表现出静立不动或回视公羊等征兆，则该羊视为同期发情母羊，并记录羊号。将撤栓后 36~72h 内发情的母羊视为同期发情有效，不发情的视为同期发情无效。

3 试验结果

两组试验结果详见表 1。

表1 试验结果

组别	处理羊数 （只）	发情羊数 （只）	粘连羊数 （只）	同期发情率 （%）	粘连率 （%）
第1组	50	44	12	88	24
第2组	50	49	1	98	2

4 讨论

（1）第1组羊阴道海绵栓浸油用手放置组，污染、粘连率24%，母羊发情同期率88%；第2组羊海绵栓浸油用放置器放置组，污染、粘连率2%，母羊发情同期率98%，两组差异显著（$P<0.05$）。其主要原因是第1组由于用手放置海绵栓其污染概率较大，造成母羊阴道感染、海绵栓粘连，继而影响母羊发情，同期率降低。而第2组用羊复合孕酮海绵栓阴道放置器放置，减少了因手放置而带来的污染机会，大大降低了母羊阴道感染、海绵栓粘连概率，从而提高了母羊发情同期率。

（2）在制作羊复合孕酮海绵栓阴道放置器时，放置器外套、推杆两端及放置孔必须打磨光滑，其主要目的是避免损伤母羊阴道黏膜和便于彻底清洗消毒。

（3）在使用羊复合孕酮海绵栓阴道放置器时，放置器必须彻底清洗消毒，每只羊只能用一套放置器，不能把刚用过的放置器重复给另一只羊使用，以免造成母羊阴道感染。

（4）在用羊复合孕酮海绵栓阴道放置器埋栓时，必须把母羊保定好，操作者动作要适度，以免损伤阴道黏膜。在第2组试验中，有1只羊在撤栓时出现带血的海绵栓，影响了药物的吸收，导致羊未发情。其主要原因是在埋栓时母羊未保定好，操作者动作粗鲁，损伤了母羊阴道黏膜。

（5）应用自制羊复合孕酮海绵栓阴道放置器，处理同期发情母羊能够有效地降低母羊阴道感染的概率，提高了母羊同期发情率，从而提高羊的繁殖率，为农牧民创造更大的经济效益。

（本文发表于《当代畜牧》2006年第7期）

第二部分　饲养管理

影响蛋鸡产蛋性能的原因及对策

要发挥出蛋鸡的最佳产蛋性能，就必须对日前影响产蛋鸡产蛋性能的因素作出全面分析，提高科学管理和疾病防控的水平。

1 产蛋鸡产蛋性能低的表现

1.1 开产日龄推迟

由于多种原因造成鸡群开产日龄推迟。虽然蛋鸡推迟 1~2 周不常见，但肉种鸡推迟 1~5 周却是常有的事。推迟开产可影响鸡群的单产水平，增加开产前期的耗料。

1.2 提前开产

如果说体成熟与性成熟保持一致，那么提前开产 1~10d 对整个产蛋期影响并不大，若体重偏轻而提前开产，也就是性成熟早于体成熟，对产蛋影响较大，表现为产蛋高峰上不去，高峰期短，由于体质差使产蛋后期持续期短。另外，在整个产蛋期死淘率高（5%~30%），特别是高峰期月死淘率不低于5%，其次是平均蛋重低于正常鸡蛋 5g 左右，仅此一项就使单产降低 1.5kg。

1.3 产蛋高峰期峰波平坦或攀升时间较长

这样的鸡群在实际生产中往往产蛋期短，蛋鸡全期蛋料比在 1∶3 以上，经济报酬低。另外，开产后进入高峰期所需时间长，推迟 1~2 周，使得全期单产降低 0.5kg 左右，耗料提高 1kg 以上。

1.4 产蛋高峰期维持时间短

产蛋曲线呈倒"V"形。正常开产后经过 3 周即可达到产蛋高峰，90% 以上的产蛋率可持续 14 周；肉种鸡 80% 以上的产蛋率可持续 12 周。实际生产中并非每群鸡都可达到这样的水平，特别是高密度规模化饲养的鸡群往往高峰期持续期短，产蛋率下降快，整个高峰期比标准密度鸡平均每只存栏鸡少产蛋 8 个以上，单产相差 0.5kg。

1.5　产蛋期死淘率太高

正常情况下，全期死淘率不超过 12%，由于各种原因，死淘率会超过 12%，甚至达到 30%，从而使入舍母鸡单产降低，育成鸡平均费用提高。如单产 20kg 的鸡群，死淘率为 12% 时，平均单产为 17.6kg，当达到 30% 的死淘率时，入舍鸡单产仅为 14kg，每千克鸡蛋的育成鸡成本费用，也由 1.00 元提高为 1.26 元。

1.6　提前休产淘汰

正常商品蛋鸡产蛋 52 周，肉种鸡 35 周。由于休产鸡增多，使鸡群产蛋率降到临界线以下，则需提前淘汰。通常肉种鸡提前 2~5 周淘汰，商品蛋鸡提前 1~3 周淘汰，由此，使产蛋期缩短，单产降低。

1.7　鸡蛋品质下降，性能效益差

如种蛋受精率低，合格率低；商品蛋鸡破蛋率高，薄壳蛋、软壳蛋、沙皮蛋、畸形蛋多，特别是褐壳蛋颜色发白、变色，影响销售单价。

1.8　淘汰时鸡体重偏轻，影响蛋鸡综合效益

正常情况下，如果把蛋鸡的所有费用摊入鸡蛋成本，那么淘汰鸡的收入就是每只蛋鸡的最后一笔利润。如果淘汰鸡体重偏轻，不但其产蛋性能低，而且售价低，收入差。一般蛋鸡淘汰体重不应低于 1.8kg，而实际生产中由于品种、饲养管理等因素，每群鸡淘汰时总有一部分鸡体重与标准相差 100~500g，从而使每只鸡少收入 1~5 元。

2　影响产蛋鸡生产性能的原因

2.1　育成鸡合格率太低

合格率是在成活率基础上的体重标准及其均匀度的统一，有的鸡场直接用育成合格率表示育成情况，即合格率等于合格鸡数（体重在标准体重的 ±10% 以内，胫长为 104~106mm 的鸡为合格鸡）除以入舍雏鸡数。育成合格率低说明育雏育成期死亡多，育成鸡体重偏轻，均匀度差。体重偏轻或偏重都

将导致产蛋推迟或提前，产蛋高峰期不稳，性能低。而均匀度是直接关系到产蛋高峰期能否实现的重要因素。

2.2　开产前体成熟与性成熟不能同步

表现为到了正常开产体重不产蛋，或产蛋时体重低于标准体重，两种情况均可造成蛋鸡生产性能下降。影响体成熟和性成熟的原因有：

2.2.1　饲料营养不合理

不能因育雏、育成阶段和气候变化而及时调整配方，从而造成饲料能量、蛋白质、Ca、P 的阶段性不合理，影响体重的增加和性成熟。

2.2.2　光照程序不合理

全封闭式鸡舍控光不严密，应急窗或风机口漏光；开放式鸡舍不能根据季节变化、日照长短而及时补光，舍内电压不稳或太低、灯泡瓦数或数量不够或分布不均，以及灯泡表面积尘过多而影响光照强度。

2.2.3　限饲和疾病影响

表现在限饲方法不正确，体重变化后，日增减料量变化突然。如肉种鸡前期超重，育成后期限饲过度，会影响生殖系统的发育、成熟。在育雏后期的 6~8 周，突然限饲会影响鸡群体格的正常发育。另外，疾病可造成鸡体质差，破坏鸡的正常发育和成熟。

2.3　药品的毒副作用

若在鸡育雏育成期所用抗菌药品太多，损害鸡的内脏器官，药品的残毒可引起鸡体正常发育停滞。特别是对育雏前期内脏器官的发育和育成后期生殖器官的成熟影响更大。另外，若在产蛋期过量用了对产蛋有影响的药品，不但会引起中毒，而且会破坏卵细胞的发育，从而降低产蛋率。

2.4　饲料质量不稳定

如产蛋期饲料蛋白、能量的突然变化，氨基酸严重缺乏，维生素不足，Ca、P 不平衡，盐分过高或不足，微量添加剂得不到长期补偿等都将对产蛋有明显影响。饲料卫生不达标，如致病性大肠杆菌、沙门氏菌、霉菌等严重超标亦影响产蛋。另外，饲料的适口性差，粒度过大或灰分太高、酸败、水分过大、搅拌不均等都可引起产蛋性能降低。

2.5　饲养管理不科学

2.5.1　温度控制不当

产蛋舍要求最佳温度为 18~21℃，在寒冷地区，由于供暖不足或舍内保暖设施差，以及通风换气和保暖产生的矛盾使舍内温度低于13℃以下，造成明显的产蛋率下降；炎热地区或炎热季节舍内降温措施不得力，当舍内温度高于28℃时，影响采食和鸡体的正常生理变化而影响产蛋。对于高产蛋鸡或体重过大的肉种鸡可造成中暑或窒息死亡。

2.5.2 光照和饮水不足

处于产蛋高峰期的鸡，在炎热季节突然停电及伴随着停水，对产蛋影响甚大。若夏季断水1h，机体需24h补偿，则高峰期产蛋率下降达10%～20%。

2.5.3 日常管理粗放

喂料不及时，拌料不均，水槽漏水、水槽不经常刷洗、带鸡消毒不科学，水质差、不按时集蛋、熏蒸等。

2.5.4 各种疾病的侵害

包括病毒性和细菌性传染病，如传染性支气管炎（IB），可使卵泡充血、出血或卵巢退化、输卵管萎缩，使鸡群产蛋率下降10%～15%，且蛋壳变薄、畸形蛋增多，蛋壳颜色变浅。非典型性新城疫（ND）可使产蛋率下降20%左右。鸡传染性鼻炎（IC），发生在高峰前期，产蛋率下降5%左右，2～3周恢复；发生在产蛋高峰期，产蛋率可下降7%左右，3～4周恢复，但达不到应有的产蛋水平。产蛋下降综合征（EDS-76），可使产蛋下降20%～50%。传染性喉气管炎（ICT），可使产蛋下降10%～15%。曲霉菌病可使产蛋下降5%～10%。大肠杆菌病可使产蛋率下降10%～15%，造成卵黄性腹膜炎的鸡群死淘率可提高2%～5%。如果以上疾病并发，产蛋率下降更甚。

2.5.5 其他应激

强光、噪声、舍内飞鸟等引起的惊群现象都能引起产蛋下降。

3 产蛋性能降低的对策

3.1 培育合格的后备鸡群

衡量育成效果的三个关键指标是体重、胫长、均匀度。育成期末的胫长必须达到104～106mm，特别是6～8周为骨骼发育的最快时期，应使其达到78mm。开产前体重应达到1 650g左右，育成期体重每周增长幅度不能大起大落，开产前均匀度应不低于85%。

3.2 加强饲养管理

首先保证水、电、暖的正常供给，寒冷季节解决好舍内通风换气和温度变化的矛盾，炎热季节采取加装水帘，舍内喷水，饮水中加冰块等设施或措施，并增加舍内通风换气量，使舍内风速达到 0.2m/s，杜绝水槽漏水。规模配套化鸡场应配备发电机，同时，每天的喂料量、喂料时间、次数及饲料配方、增补光照时间等要随季节、周龄适时调整，并搞好舍内水槽、料槽、环境的卫生，每天定时带鸡消毒。

3.3 使用优质的饲料

优质的饲料包括：饲料营养、饲料卫生、饲料感观都合格。饲料配方的制定应根据不同品种、不同产蛋期和季节的要求而定，同时，应充分考虑到加工工艺、运输工具、饲料包装、保存时间等因素的影响，保证鸡体摄入的各种营养与配方理论值误差不大。鉴于此，若选用饲料商的料，除应根据季节添补抗应激元素外，在产蛋高峰期补饲一定量的优质鱼粉、骨粉、添加剂、维生素也是十分必要的。饲料卫生是指配合料中的沙门氏菌、大肠杆菌、霉菌和其他杂菌等是否有或超过标准，特别是在潮湿季节或使用过期饲料、不合格鱼粉、霉变或湿度太大的玉米，使用被污染的车辆、场地的饲料更应监测。饲料感观是指饲料的粒度、混匀度、颜色、气味、水分、灰尘含量等，经验丰富的饲养员可从饲料感观中得知原料成分、玉米湿度、鱼粉质量、饲料配制的情况。

3.4 控制好疾病

坚持以防为主，彻底改变"轻防重治"的思想，要把好免疫关、消毒关、预防投药关。特别是科学免疫，应结合本地疾病流行特点，选择好疫苗种类、毒性、免疫时间、次数、剂量、方法，并对免疫效果进行监测。对于非典型性 ND 的免疫，应充分考虑强毒株和变异株的存在，考虑循环抗体和黏膜抗体的协同作用，考虑局部免疫的效果，特别是对于多发地区或鸡场，在产蛋期定期用弱毒苗喷雾对预防 ND 发生是有效的。对于 AI 的预防首先应与 ND 区分，其次确诊是致病株还是非致病株感染，高致病毒株在我国的存在已被否定，只有中强毒株感染表现症状，对产蛋有影响。一旦感染，鸡群除加强全面防疫外，可用一些抗病毒药如金刚烷胺病毒唑治疗。对于传染性鼻炎（IC）的防控，除加强春秋两季的立体防疫外，开产前要用 IC 多价苗免疫。对于已发生 IC 的鸡群，及时用链霉素、庆大、卡那霉素及治疗呼吸道病的药物如北里霉素、泰乐菌素、恩诺沙星等药物治疗。病情严重的鸡注射给药、大群喷雾或饮水、拌料给药，效果较好。对于霉菌的防制，应加强饲料监测力度，化验每批饲料，一旦超标，禁止使用。同时加强饲料的运输和保管，以防霉变。鸡群因曲霉菌引起产蛋下降时，应立即更换饲料，清洗水槽和料槽，使用制霉菌素治疗。对于传支（IB）的防控，要考虑到肾型传支和腺胃型传支的可能，在疫苗选用上，应选择含有 C 株和 M 株的疫苗，并防止育雏期发生 IB 而破坏器官发育，应注意 IB 苗单独使用时与 ND 苗免疫的干扰作用。对于传喉病（ILT）的防控，应考虑非典型性 ILT 的存在和危害，由于传喉苗本身毒力偏强，从而引起接种反应大，甚至诱发疾病，导致免疫失败，因此，传喉的免疫应在充分调查本地区传喉病毒性状的基础上选择好疫苗类型和厂家，并调整疫苗的剂量、免疫日龄以减小疫苗反应的应激，获得最佳免疫效果。对于产蛋下降综合征（EDS-76）的防制，仍然要靠开产前鸡体获得坚强持久的免疫抗体来保护。对于细菌性疾病的防控，首先是通过卫生消毒消灭传染源，其次是禁止被污染的工具、饲料、饮水进入鸡场，切断传播途径。大肠杆菌菌型多，变异快，临床病型多，给预防和治疗工作带来困难。在实际生产中，一旦产蛋鸡群被大肠杆菌感染，除了加强饲养管理，提高鸡群抵抗力外，若使用一种药物作用不明显就应立即通过药敏试验的结果换药。为了长期控制细菌性疾病对产蛋鸡的侵害，在饲料中长期补充有益微生物制剂是目前唯一有效的可行措施。

总之，影响鸡产蛋性能的因素很多，只有把好饲养各阶段的每一关，才能在产蛋期表现出较高的综合效益。

（本文发表于《中国家禽》2000 年第 3 期）

肉仔鸡饲养与经营管理

随着我国肉鸡业的迅猛发展，以优良的品种、全价的饲料及饲养期短、管理操作技术简单为肉仔鸡饲养的最大特点。正因如此，要求肉仔鸡的饲养者无论饲养量大小，除最大可能准确预测近期行业市场消费外，还要懂饲养、会管理、善经营，这些并非为每个饲养经营者都能成功做到的。笔者通过对某一肉仔鸡饲养户连续饲养两批 400 余只肉仔鸡所获经济效益相差近千元的饲养比较，谈谈肉仔鸡饲养与经营管理，以供参考。

1 饲养情况

某户二次分别从乌鲁木齐市某国营种鸡场购进 408 只艾维茵肉仔雏的生产情况见表 1。

表 1 两批鸡饲养情况　　（单位：只、d、%、kg）

批次	进雏数	饲养期	死淘数			出栏			耗料		
			腹水	瘫鸡	其他	只数	百分率	体重	总量	只均	料肉比
I	408	52	27	21	7	353	86.5	2.61	2 100	5.95	2.29
II	408	43	3	4	1	400	98.0	2.20	1 610	4.02	1.83

2 成本、产值、效益

见表 2。

表 2 经济效益核算　　（单位：元）

批次	苗鸡成本			饲料成本		兽药成本			其他成本	毛鸡售价	出栏只均			总效益
	购价	合计	出栏只均鸡	单价	合计	疫苗	添加剂	药物			总成本	总产值	纯利	
I	3.5	1 400	3.97	2.25	13.39	0.08	0.24	0.53	4.75	9.5	22.96	24.8	1.84	649.5
II	3.5	1 400	3.50	2.25	9.05	0.08	0	0.09	4.75	9.8	17.47	21.56	4.09	1 636.0

3 经验总结

（1）肉仔鸡经营应追求群体效益。由于饲养体重大的肉仔鸡相应饲养期长，耗料量大，料肉比高，饲料报酬低。另外，追求高的出栏体重，群体的猝死、瘫鸡、腹水等症死淘率高，而且过肥大的鸡脂肪沉积多，消费者、加工者不喜爱，以致影响毛鸡售价，最终导致成本加大、产值低、经济效益差。因此，在肉仔鸡生产中，出栏鸡只最佳体重控制在 2.1 千克（偏差±10% 以内），效益最好。

（2）随着肉鸡业的发展，饲料业与之相适应。优质全价料足以满足肉仔鸡生长所需营养，无须另加其他添加剂，否则既增大了养鸡成本，又不利于肉仔鸡健康生长。

（3）肉仔鸡卫生保健应突出"预防为主"，不可以减少必须接种疫苗的种类、次数和消毒药品的消耗。但必须最大限度地减少其他兽药如抗生素等投药次数和使用量。正因为其饲养期短，如果不能很好地预防疾病，以致造成流行病发生，其饲养仍告失败，在市场毛鸡价不明显看俏的情况下，注定要亏本。如果使用各种抗菌药品治疗，即使疾病得到控制，但因肉仔鸡生长受到影响，最终经济效益下降。更何况药物残留给消费者健康带来危害，是有关政策所不允许的。

（4）公母分养，群体饲养期以 40~45 天为宜。在前 1~3 周要逐渐根据体格大小把公母鸡分开饲喂，3 周前分群的应激可以抑制肉仔鸡的过快生长，降低肉仔鸡由于营养过剩而并发各种疾病的发病率。更有利于不同性别鸡的生长管理，减少公母混养时提前出售公鸡给母鸡生长带来的应激。

（本文发表于《中国家禽》1996 年第 11 期）

减少浪费　降低成本
提高鸡场经济效益

现代养禽业中，饲料、品种、管理、防疫、水电暖等被视为养鸡成本的五大要素。企业要盈利，一方面，在于科学预测寻求好的价格市场，另一方面，是如何提高产量，节约开支，降低成本。而在规模化养禽中，特别是当市场滑坡时减少浪费，降低成本给企业节约资金的潜力是巨大的。本文就多年来鸡场管理工作的经验，谈谈鸡场管理中有可能造成的浪费，以期引起同仁重视。

1　饲料

饲料占养禽成本60%~70%，在管理中已引起足够重视，饲料的浪费包括直接浪费与间接浪费。

1.1　直接浪费

①加料时由于饲养员技术不熟练，把料加在槽外造成人为的抛撒浪费。②料槽不合格，太浅或槽头无堵头，一次性加料多加料薄厚不均使鸡采食时把料啄出槽外。③鸡不断喙。④料槽未固定，加料后被鸡踩翻。⑤笼养车间水槽跑水到料槽内，长时间使槽内饲料发酸发霉。⑥饲料间或料库潮湿引起饲料发霉。⑦饲料本身湿度太大、水分高引起发霉。⑧饲料量计算不准，长时间积压饲料造成营养成分失效。⑨饲料被污染。⑩料库封闭不严，有鼠害、野鸟进出等。

1.2　间接浪费

①劣质品种，产量低，耗料高即料蛋比、料肉比高。②饲料品质差使耗料高产量低。③不能及时淘汰寡产鸡，光吃料不下蛋。④限饲不严格，特别是种鸡产蛋后期，既造成浪费饲料，又降低生产性能。⑤过分相信添加剂，在全价饲料的基础上又大量在料中添加一些多维素、鱼粉、豆粉和一些矿物

添加剂。⑥整群淘汰鸡不能及时出售，该出栏的肉鸡不出栏。⑦育成期死淘鸡太多等。

总之，饲料被视为鸡场生产管理中很重要的一个环节，无论是看见还是看不见的浪费，对于一个10万只规模以上鸡场来说，要做到无浪费，显然是需要有严格细致的管理。而由于管理的疏忽，每年每只鸡浪费500克以上的饲料却是很容易的，这样每年浪费饲料10万元和每年节约饲料10万元，其经济效益比是1：2。

2　防疫

鸡场防疫的成功与失败直接决定着养禽效益的好与坏，而由于不科学的管理，造成防疫费提高是很普遍的。鸡场防疫中的浪费主要有：

2.1　疫苗的直接浪费

①疫苗失效而废弃，主要是保存不当，过期失效。②免疫中的废弃太多，主要是接种鸡数与疫苗单瓶头份不相符，如1 000头份一瓶的疫苗免疫不到1 000只鸡，鸡越少浪费越大，而疫苗要求打开就须用完。③免疫失败后补免，增加免疫次数，造成计划外免疫。④鸡群死淘率太高。⑤防疫不严密，免疫程序不科学造成传染病后鸡群的紧急预防接种。⑥过分偏用高价的进口疫苗。⑦不能根据本场的具体情况制订免疫程序，使该用的疫苗和不该用的疫苗都使用。

2.2　疫苗的间接浪费

①用低劣的疫苗达不到免疫效果，反而反复追加免疫，增加免疫成本。②监测手段不全，当鸡体抗体偏高时又进行接种，得不偿失。③疫苗杂乱，一批鸡一生中各种厂家疫苗混用，造成抗体不稳，反复免疫。④鸡群死淘率太高。

2.3　药品的浪费

①药品失效或过期。②假药花钱不治病。③疾病诊断不清，乱投药，有损无益。④药品剂量不足或疗程太短，造成疾病持续反复发作。⑤平时不预防或发病后治疗不及时，造成大群发病，增加投药量。⑥管理不善，不能"群防群治，个别发病单独治疗"，而病鸡、健康鸡混为一体用药，加大剂量。⑦一味相信高价的新药，药品的选择不能既达到防病治病目的而又经济的

原则。

总之，不科学的防疫造成每只鸡一生中增加防疫费 5 角钱是很有可能的事。相反若 10 万只鸡的鸡场，每年每只鸡节约 5 角钱，一年可降低防疫成本 5 万元，这也不是不能做到的。

3　水电暖

3.1　水的浪费

水槽无堵头，造成水槽长流水。钟式饮水器底盘漏水。消毒池漏水。蛋盘、出壳盘等不是浸泡刷洗而是放在水龙头下长时间冲洗。冲洗车间不用高压泵，使水的压力不够，反复冲洗，既达不到效果，又浪费水。

3.2　电的浪费

锅炉反复起动。灯泡无灯罩，不经常擦净，使光强度不够，加大瓦数或灯数，风机空转或孵化量不满等。

3.3　供暖的浪费

管道封闭不严。空舍不关暖气。劣质煤炭或陈煤，热能不达标，既增加耗煤量又增加锅炉负荷和耗电量。

4　资金及设备的浪费

资金的浪费主要是购货或售货款在中途停留时间太长，大量物资及产品在库房积压，购一些无用的设备等。设备的浪费主要是由于鸡群生产计划不严密，造成鸡舍长时间休闲，鸡舍笼位不满，空笼太多。如可装 7 000 只鸡的鸡舍 10 栋，每舍空笼 500~1 000 个，一年就等于一栋鸡舍是空闲的。

总之，增产节支，减少浪费，降低成本，是鸡场挖掘内部潜力，提高自身经济效益的有利途径。

（本文发表于《中国家禽》1996 年第 4 期）

国营鸡场的亏损及经营管理工作

作为乌鲁木齐市"菜篮子"基地之一的国营乌市养禽场，自 1992 年以来一直处于经营亏损状态，特别是 1995 年，半年时间财务亏损达 250 余万元，预计年底累计全年亏损超过 500 万元，是历史上亏损最大的一年。1989 年以来，累计贷款 1 700 余万元（主要用于鸡场改扩建工程及部分流动资金周转），已明显超出养禽场现有固定资产总额，不仅如此，连年亏损所造成的资金短缺给当前的经营工作造成严重困难。目前，靠继续贷款维持生产已不容易，鸡场面临停产、工人工资无法发放的局面。出现以上经营状况的主要原因在哪里呢？笔者作为一名管理者，谈谈自己对国营鸡场亏损与经营管理工作的一点看法。

1 经营者缺乏经验，不能适应新时期市场经济

1989 年以前，我们是以计划经济为主，经营者以完成上级部门要求的产蛋任务为重点，产品的价格以及饲料价格受政府保护，所谓"以蛋换料"，因此，禽蛋肉市场可以说"风平浪静"。而进入市场经济以后，过去那种经营思想工作作风就不相适应，经营者由于缺乏对市场经济的认识，经营和管理工作中不能根据市场变化调节生产规模，提高产品质量，注重销售策略，提高企业的信誉，在经营方式上基本是墨守成规，经营单一，不能及时调整产业结构，产品上没有大的创新和发展。特别是加工产业发展缓慢，再由于在思想上长期存在着自大和依赖思想；认为国营企业历史长，经验多，规模大，属于国家"菜篮子"工程，政府不会不扶持等，因此出现市场波动时束手无策，经营亏损也在所难免。

2 成本比产品价增长速度快

这主要反映在饲料上，过去"以蛋换料"吃平价饲料时，每千克饲料 0.7 元，每千克鸡蛋 4.0 元，蛋料价比是 5.7：1，加上其他成本，蛋鸡场效益

基本持平或略有盈利。而目前，每千克饲料 2.0 元，每千克鸡蛋是 7.0 元左右，蛋料价比是 3.5∶1，即每千克鸡蛋比饲料成本增加了 2.2 元，比过去增加了 285.7%，而料价只比过去提高了 185.7%，饲料增长的速度是鸡蛋价的 2.5 倍，不仅如此，其他成本也在不同程度增加，其中，辅料增加了 30% 左右，防疫费提高 40%，工资、福利、水电增加 40% 左右（均比以前），目前像养禽场这样的国营单位生产 1kg 鸡蛋的最低成本也在 8.5 元左右。

3　市场疲软，供需矛盾

新疆的养禽业与全国大气候一样，由于 1989 年以来随同全国各地养禽热的兴起，到处建场扩大规模、到处引进良种，使禽蛋产品的产量突飞猛长，而禽蛋产品又非其他生活必需品。更何况人们的副食品结构在改变，生活消费不只停在禽蛋肉原产品上，特别是经济上处于中上层次的人，追求向更高营养，更新鲜，更方便方向，而我国又与发达国家不同，我国的人口主要分布在广大农村，因此，根据人均禽产品占有量发展养禽业显然是不合理的。

4　新品种的优势没能充分发挥

主要表现在实际生产的水平与本品种所能达到的水平相差甚远，而新品种所要求的管理成本比过去要高，也就是实际生产中的单产、成活率比标准低，耗料量比标准高，饲料营养疫苗费用等比过去高。造成这种情况的主要原因是管理、技术水平低，工艺设备不配套。如国营鸡场实际育成率不到75%。标准要求 85% 以上，每只鸡产蛋量要求 17.5kg，而实际不到 14kg，标准蛋料比 2.6∶1，而实际 3.0∶1 以上；肉种鸡每套年单产 180 个种蛋，而实际仅为 100 个左右，相反，成本的投入一样不小，若肉种蛋一个以最低 1.2元出售，一只种鸡少产 50 个种蛋，年少收入 60 元，2 万套的肉种鸡场全年减少或增加收入 120 万元以上。若市场向好的方面发展就不止 120 万元，商品鸡场一样，减少或增加单产，一正一反何止几百万元，因此，进一步挖掘内部潜力也是扭亏为盈的一条主要途径。

5　三老企业，包袱太重

国营老鸡场老装备。老工艺，老管理已越来越与新品种鸡及市场经济不相适应，虽然进入 20 世纪 80 年代后，鸡场规划，鸡舍装备，工艺比以前土法养鸡先进多了，但由于新疆持续炎热季节和寒冷季节较长，每年由于冬季温度偏低、夏季温度偏高所造成死淘率高。单产低的现象越来越突出，越来越明显，因此，如何进一步增加投资、改进工艺乃是以后养好鸡非常重要的工作。国营鸡场老的管理习惯如旧的操作规程、防疫措施、饲料配方、管理方法也是降低生产性能，影响经济效益的一方面。由于企业建场早，职工多，特别是退休人数量大，贷款高，利息重，每年退休金，医疗卫生费、教育费、利息等年年增加，包袱加重。

对于以上国营鸡场亏损原因应采取的措施：

（1）如实向上级政府、主管部门反映情况，请求政策、资金援助，以缓解目前面临停产的困难，但要明白，仅靠政府补助，贴息等并非长久之策，关键还在适应市场，挖掘内部潜力。

（2）强制核定场内各单位（各分场）资金占用额，限制各单位流动资金，做到生产急需的该花钱的地方花，不该花钱的地方一分钱也不能花。积极加快资金回笼时效性，减少售货款和采购资金在中途占用的时间，尽量开源节流多方筹资，开展增收节资活动。

（3）紧急缩小规模，争取在最短的时间内把产蛋后期 70%~75% 以下产蛋率商品蛋鸡杀掉，控制后备母鸡的数量，以有限的资金，确保种鸡及产蛋高峰鸡饲料等供应，对于国营鸡场商品代鸡的发展规模，根据近几年的行情，在现有规模下缩小 1/3 到 1/2。

（4）挖掘内部潜力，把成本控制在最小范围内，提高劳动效率，大刀阔斧地裁减非管理人员；加强现场管理，狠抓各项技术管理措施的落实，实行不间断的现场检查，安全生产，减少失误，争取在现有的条件下创造出最好成绩。

（5）经营者正确预测未来市场，调整生产计划，决策以后的经营方针、经营目标及经营方式，发展第三产业及加工业。同时加强对职工的教育和培训工作，特别应注意经营困难时期的企业形象，改正过去经营管理盲目混乱的局面，积蓄力量，以图东山再起。

（本文发表于《中国家禽》1995 年第 6 期）

提高产蛋鸡存活率

结合我们几年来的经验，对鸡死淘原因做了分析，提出了防控对策和措施，以供参考。

1 产蛋期的死淘特点

无论饲养何种蛋鸡，特别是高产鸡和红鸡（因红鸡的抗逆能力差于白鸡），有两个死淘高峰期。一是初产期，二是产蛋高峰期。在全群月死淘率为2%~5%的情况下，经统计，各种疾病的发生率为：营养代谢病占70%，细菌性疾病占20%，其他占10%。其中，疲劳症30%，脂肪肝10%，啄癖50%，软化症15%，胃肠病10%；沙门氏菌病和巴氏杆菌病各占10%，腹膜炎和憋死各占5%。

2 提高产蛋鸡存活率的措施

2.1 首先保证上笼鸡舍的清洁和无菌

这是保证初产鸡健康的关键。一个干净、清爽、舒适的环境使鸡如搬进"新宅"，能够很快适应，有一种安全感和稳定心理。因此，上笼前鸡舍一定要做到清粪清扫、高压冲洗、3%火碱消毒、熏蒸（福尔马林），若不能在熏蒸后马上装笼，一定在上笼前重新熏蒸。

2.2 选择健康的合乎标准的后备母鸡上笼

上笼前一定要严格挑选，剔劣择优将病弱、瘦小、残疾、瞎眼鸡淘汰，将均匀的大小一致的鸡安排在一起，各种品种的高产鸡都有其上笼前的标准体重，一定要把上笼鸡控制在标准体重的上下10%之间。另外，要注意上笼的时间，最好在5%产蛋率来临时上笼，不能过早，也不可过迟，特别是过迟，随着转群应激的增大，卵黄性腹膜炎发病率高，同时，对以后产蛋均有影响。转群时最好在天气温和的时候，夏天最好在晚上，冬天在中午。上笼后立即饮水、喂料，以稳定由于环境突变而引起的恐惧情绪。

2.3　及时预防

上笼后马上用抗菌药物全群预防，这样从环境到鸡体两方面做到了无菌状态。预防药物很多，但谨防影响产蛋的药物。如果在育雏期和中雏期较少使用过土霉素，那么这时用土霉素预防最好。预防期3天，每日早晚喂药，第一天2%、第二天1%、第三天0.05%浓度拌料。

2.4　加强营养

应在全价饲料的基础上适当地加入多种维生素、鱼肝油、骨粉、高效料精等，对于矿添剂特别应注意Ca、P的量和比，另外，蛋白质饲料加入要适当，5%产蛋来临后，由于换成产蛋料，本身蛋白较高于中雏料，不需另加其他蛋白质添加剂，否则，鸡会表现出明显不适应，而出现脂肪肝或尿酸盐等综合征，在产蛋率50%后适当加入黄豆粉，加入时浓度由小至大，可由0.5%到1%提高至2%，2%时基本接近于产蛋高峰期，这时应再加以1%的新鲜鱼粉，即提高了产蛋率，在氨基酸上起到了蛋氨酸和赖氨酸的互补作用。在加入豆粉和鱼粉时且莫过早加入或加得过急、过多，若蛋白催得太紧，只会催垮鸡体，或钙磷量跟不上，鸡体动用骨中的钙，造成大批量软化症和疲劳症。在加入鱼粉时注意其质量并切忌长期堆放鱼粉，以防沙门氏菌对鸡体的危害。

2.5　加强防疫和消毒工作

由于持续产蛋，机体代谢增强，抵抗各种疾病的能力降低，因此这一时期除了加强饲养管理外，更应注重防疫消毒工作，常用消毒药有菌毒敌、过氧乙酸，这两种消毒药都可带鸡消毒而无副作用，地面消毒，还可用来苏儿等。总之，两日一次的带鸡消毒和一日一次的地面消毒必须做到，同时，工作服要定期消毒。进出鸡舍要过消毒池。注意消毒药物要时常更换。

总之，我们就是通过采取以上综合性措施才使初产期和高峰期死亡率由2%以上降低到0.5%以下，从而降低了成本，提高了单产，取得了较好的经济效益。

(本文发表于《中国家禽》1991年第4期)

伊莎褐商品蛋鸡在新疆的饲养表现

伊莎褐蛋鸡是法国伊莎公司精心培育出的优良品种，根据我们目前的饲养管理条件，就其生产实践中的生产性能介绍如下。

1 育雏、育成期工艺及管理

1.1 饲养工艺

育雏期1~8周为地面平养，火道取暖，塑料布上喂湿料，饮水器饮水。育成期9~20周为网上平养，网距地面1m，暖气取暖，链条式喂料机喂料，水槽长流水，风机排风。

1.2 饲养管理

育雏育成时间为1989年1月23日~5月31日。饲养密度：育雏期25只/m^2，育成期14只/m^2，采食槽位12cm/只，饮水2.5cm/只。育雏期2.5L饮水器，100只雏鸡设置1个。

1.2.1 温度

第一天35℃，第一周33℃，第二周30℃，第三周28℃，第四周25℃，以后保持在20~23℃。

1.2.2 湿度

育雏期特别是前期，舍内相对湿度应达到70%左右，以后保持在60%左右。

1.2.3 光照

光照时间及强度见表1。

表1　各期光照计划

日龄	1~2	3~4	5~6	7~8	9~10	11~12	13~14	15~118	119~125	126~132	133~139	140~146	147~153	154~182	183d及以上
每天亮灯时间（h）	22	20	18	16	14	12	10	8	9	10	11	12	12.5	注	15
亮度（W/m²）	3~4	3	3	2	2	2	1	1	3	3	3	3	3	3	3
照明度（lx）	20~40	20~30	20~30	10~20	10~20	10~20	5~10	5~10	20~30	20~30	20~30	20~30	20~30	20~30	20~30

注：①每周增加0.5h。
　　②紧闭舍内门窗，防止漏光。

1.3　免疫、投药

见表 2、表 3。

表 2　免疫程序

日龄	疫苗	方法
1	马立克氏病火鸡疱疹病毒苗	皮注 0.2mL
7~8	支气管炎 H120 新城疫 B_1 二联苗、新城疫油乳剂灭活苗	点眼、皮注 0.2mL
18~20	法氏囊炎弱毒苗	饮水
27~28	支气管炎 H120 新城疫 B_1 二联苗	饮水
30	法氏囊炎弱毒苗	饮水
40	鸡痘	刺种
50	Lasota 苗	饮水
80	支气管炎 H52 新城疫 B_1 二联苗	滴鼻
84	传染性喉气管炎疫苗	点眼一滴
126~130	新城疫油乳剂灭能苗	皮注 0.5mL

表 3　投药程序

日龄	药物及浓度	投药方式	防治
1~3	多维 G 5% 土霉素 0.04%	饮水、拌料	扶壮、鸡白痢
4~5	北里霉素 0.02%	拌料	呼吸道疾病
10~12	青霉素 2 000U/只	饮水	肠道病
15~16	克球粉 0.05%	拌料	球虫病
33~35	驱虫净 40~60mg/kg	拌料	驱虫
57	北里霉素 0.02%	拌料	呼吸道疾病
63~65	北里霉素 0.02%	拌料	呼吸道疾病

1.4　育雏期、育成期成活率

伊莎褐鸡育雏、育成期成活率较高（5 月龄成活率 96.53%）说明很容易在新疆饲养。另外，育成期末，我们把 1.4kg 以上鸡全部上笼，上笼合格率在 98.4%，由此可见，育成期末的体重和均匀度也是较好的。

2 产蛋期饲养工艺与管理

产蛋期是从 1989 年 6 月 1 日到 1990 年 6 月 30 日，地点在我场产蛋车间，车间为 3 层全阶梯笼养人工喂料，水槽长流水，风机排风，一个车间分 3 列，3 人管理，每个饲养员管理一列，密度为中型蛋鸡笼每笼 3 只，整个车间总共上笼 5 400 只，也为全封闭式鸡舍。

3 产蛋期生产性能的表现

产蛋期生产性能表现见表 4。

表 4 伊莎褐产蛋期生产性能

月龄	期初数（只）	死淘数（只）	生存率（%）	产蛋率（%）	蛋料比	累计每只耗料（kg）	平均蛋重（g）	累计单产（kg）	累计只产蛋数（枚）
6	5 400	77	98.57	13.90	1 : 9.82	1.86	50.0	0.190	3.80
7	5 323	75	98.59	71.82	1 : 2.25	4.29	50.0	1.267	25.40
8	5 248	81	98.46	85.23	1 : 2.32	7.67	55.5	2.728	51.58
9	5 167	99	98.08	90.72	1 : 2.23	11.24	58.8	4.329	78.88
10	5 068	135	97.34	92.36	1 : 2.38	15.36	62.6	6.064	106.68
11	4 933	118	97.60	86.90	1 : 2.67	19.57	62.5	7.644	131.98
12	4 815	133	97.24	77.00	1 : 2.43	23.19	65.2	9.136	154.88
13	4 682	130	97.22	74.50	1 : 2.20	26.37	62.5	10.579	177.98
14	4 552	114	97.50	74.85	1 : 2.64	30.08	62.6	11.982	200.38
15	4 438	205	95.38	70.60	1 : 2.81	33.80	62.5	13.306	221.58
16	4 233	166	96.08	66.70	1 : 2.82	37.45	62.4	14.598	242.28
17	4 067	656	83.90	65.50	1 : 2.96	41.25	62.6	15.887	262.88

说明：1. 在 11~12 月龄时，由于气温突降，舍内温度偏低，使高峰期产蛋率突然下降，影响了伊莎褐鸡生产性能的发挥。

2. 在整个产蛋期鸡群健康状况良好，未发生过传染病，消化道疾病通过投以抗生素很快治愈，另外产蛋期错过了高温季节的影响，从而使本品种产蛋性能基本表现出来。

4 讨论

（1）17 月龄时正好接近 500 天即 71 周龄，根据这一时期法国提供的生产资料：71 周龄末累计单产数 269.9 枚，折合 16.739kg，我场饲养结果与此相比：单产少 7.02 枚合 0.825kg，基本接近于所提供资料。另外与我场以前养的"579"最好时期的生产指标比较可详见表 5。

表 5 伊莎褐与"579"生产指标比较

指标 品种	50% 产蛋日龄 （d）	高峰期 产蛋日龄 （d）	年只 产蛋数 （枚）	50%产蛋 率后 300d 内蛋料比	只产蛋 期内累 计耗料 （kg）	累计 单产 （kg）	高峰期 产蛋率 （%）
"579"	180	210	270	1：2.76	48.43	17.55	86.1
伊莎褐	160	220	263	1：2.52	41.25	15.89	92.36
相差	20	-10	7	1：0.24	7.18	1.66	-6.26

（2）免疫工作对于伊莎褐鸡至关重要。免疫是鸡场主要兽医工作，是保证鸡群一生生命安全基础，伊莎褐鸡有一套完整免疫程序，必须遵守程序严格免疫，免疫密度必须 100%。新城疫免疫前后要抽测抗体，根据 HI 价决定是否需追加免疫，免疫后的抗体需比免疫前抗体高 2 个滴度，否则追加免疫失败。对于马立克氏疫苗的质量、注射方法、剂量、室内温度（25℃）、稀释液温度（5~10℃）都要严格要求，注射不超过 2h，并在出鸡后 20h 内注射完。

（3）要搞好鸡舍内卫生防疫工作。我们做过实验，一个车间用过氧乙酸（或毒菌净）带鸡消毒每天 1~2 次，另一车间不消毒。结果带鸡消毒车间的死淘率明显低于其他车间 1%~3%，表明，每天最少一次的带鸡消毒对伊莎褐鸡十分重要。另外，合理使用风机，严防 H_2S、NH_3、CO_2 等有害气体损伤鸡呼吸道、生殖道黏膜，从而影响生长发育和产蛋。

（4）为了充分发挥伊莎褐鸡的高产优点，使之多产蛋，耗料少，提高存活率，上笼母鸡必须严格挑选，不合格的上笼鸡只会增大成本，影响伊莎褐鸡群体潜能的发挥。因此，上笼鸡体重必须在 1.400~1.650kg，最好在 1.500~1.650kg 且均匀度在 85%以上，这是保证在 160 日龄和 220 日龄产蛋率分别在 50%和 90%以上所必需的。

（5）产蛋期要绝对保证饲料的品质，不可喂发霉饲料，否则，会使产蛋率突然下降 10%~15%。另外，对于初产鸡和高峰期的鸡，应给以适量鱼肝油、多维骨粉，高峰期在饲料原有基础上给以 1%~2%鱼粉，但在高峰期过后应逐渐降低所加鱼粉量，以免造成浪费。

（6）伊莎褐鸡虽然在 13~28℃ 温度仍能较好地产蛋，但最适温度是 20~23℃（否则饲料能量就要不断调整）。因此，冬天防寒、夏天防暑也较重要。

在加强饲养管理的过程中，要每天洗刷水槽最少一次，特别在夏季保证 24h 不缺水。另外，要严防惊群，要求工作人员进鸡舍穿同一颜色工作服，否则惊群后软蛋增多，甚至鸡蛋掉入腹腔导致鸡死亡。

本文得到畜牧师李在东的修改和支持，在此感谢。

（本文发表于《当代畜牧》1991 年第 1 期）

"尼拉"父母代蛋种鸡在我场性能表现

　　"尼拉"父母代种鸡是荷兰尤尼森公司培育出的新品种,在我场(注:乌鲁木齐市养禽场)经过育成期精心饲养,于 22 周龄正常开产,在历时 48 周的产蛋期中,平均入舍母鸡单产 247.28 枚,周死淘率 0.145%,累计只耗料(含公鸡)48.9kg,50%产蛋率后的料蛋比 3.6:1(含公鸡),只平均提供母雏 78.35 只,减去饲料成本后的只收益 210 元。现将其产蛋期生产管理及性能表现介绍如下。

1　生产管理

1.1　蛋鸡舍饲养设备

　　全密闭式网上饲养,人工光照,普拉松饮水器自动饮水,人工喂料,人工集蛋。

1.2　饲养密度

　　育成期 6~8 只/m²,产蛋期 4~6 只/m²,饮水器每 50 只鸡 1 个,槽位 25cm/只,平均 5 只母鸡设 1 个产蛋窝。

1.3　温度

　　始终保持在 18~23℃。22~68 周,每天光照 16.5h,69~70 周每天光照 17.5h,强度为 30lx 左右,湿度 50%~60%。

1.4　饲料营养

　　产蛋率 5%~50%:ME 2 750 kcal、CP 17.6%、Ca 3.2%~3.8%、P 0.45%~0.8%、蛋氨酸 0.4%、赖氨酸 0.8%。

　　产蛋率 50% 以上:ME 2 900 kcal、CP 19.0%、Ca 3.2%~3.8%、P 0.45%~0.80%、蛋氨酸 0.83%、赖氨酸 1.02%。

为了提高受精率、孵化率及母鸡自身保健，在饲料中经常添加鱼肝油、维生素 E、维生素 A、维生素 D_3、维生素 B_1、维生素 B_2 等。为了帮助消化，经常加入 1%~2%的干净沙石。

1.5　防疫消毒

菌毒敌、爱迪伏、乙酸、来苏儿交替使用，带鸡消毒 2d 1 次，定期添加土霉素。

1.6　操作技术

每天喂料 2 次，匀 2 次。勤捡蛋，至少每天 6 次。饮水器每天清洗 1 次。灯泡保持干净，每 2 天擦 1 次。每天统计种蛋入蛋库，及时淘汰病、弱、残及停产鸡。

2　生产性能表现

种鸡生产性能表现详见表 1。

表 1　尼拉父母代种鸡生产性能表现

产蛋月龄	平均产蛋率（%）	平均合格率（%）	平均受精率（%）	孵化率（%）	平均死淘率（%）	料蛋比（含♂）	单产（枚）	只年均产蛋重（kg）	平均蛋重（g）	只均提供鸡苗（只）
1	25.8				0.5		8	0.345	43.1	
2	81.6	82.1	79.0	80.3	0.78	3.55:1	24.47	1.220	50.0	16.13
3	84.85	84.25	89.2	83.4	0.91	3.25:1	25.41	1.405	55.3	17.85
4	85.15	87.25	89.4	78.9	0.73	3.65:1	25.55	1.405	55.0	17.59
5	87.5	84.2	91.3	81.4	0.61	3.6:1	26.25	1.490	56.8	17.99
6	84.6	91.4	91.0	77.2	0.53	3.6:1	25.38	1.428	56.3	17.89
7	82.4	91.8	90.0	81.4	0.265	3.8:1	24.72	1.400	56.6	18.47
8	77.4	78.3	89.0	84.2	0.497	3.6:1	23.2	1.320	56.9	15.3
9	77.2	70.0	88.0	81.7	0.44	3.5:1	23.2	1.34	57.8	13.27
10	70.1	70.0	87.0	80.2	0.77	3.8:1	21.3	1.24	58.2	11.96
11	66.0	64	87.1	81.0	0.95	4.1:1	19.8	1.18	59.6	10.26
平均	74.8	80.3	88.1	81.0	0.63	3.645:1	累计247.28	累计13.4	55.05	累计156.7

3　经验小结

（1）科学严密的饲养管理是养好"尼拉"种鸡的保证。我们把"尼拉"鸡饲养在距其他舍较远，而距锅炉房较近，供暖方便的两幢旧舍，且进鸡前空舍半年以上，把网距地面80cm高的工艺改为1.2m高，把1/3地面改为全网上饲养，鸡舍反复消毒熏蒸。产蛋期，舍温始终保持18～23℃，且舍内空气新鲜，并在饲养管理上严格按技术操作要求去做，加上干部、职工责任心强，配合较好，责、权、利清楚合理，是取得成功的基础。

（2）"尼拉"鸡适应性较好，产蛋持久稳定，80%以上产蛋率持续6个多月，70%以上产蛋率持续3个多月。其抗病力、抗应激能力强，在短期停水或饲料营养突变的情况下，其本身所受影响较小。对沙门氏菌、霉形体、大肠杆菌等感染率低。

（3）优质饲料是"尼拉"鸡充分发挥其性能的先决条件。"尼拉"鸡较其他品种对能量需求要高出50～200kcal，蛋白高出0.5%～2%，因此，我们对饲料营养每周监测化验，不足之处，立即调整。

（4）严格的防疫措施是降低其死淘率的主要手段。"尼拉"鸡真正做到了进出鸡舍严格消毒，带鸡消毒认真细致，预防投药科学严密。

4　讨论

（1）种蛋合格率较低，是否由于距飞机场较近、早晚起落飞机频繁有关，因为鸡舍的正上方正是飞机航道。另是否与其他疾病有关未测。

（2）种蛋重量较轻，蛋型小，使孵出的雏鸡较小，但健康，成活率较高。

（3）出雏不整齐，有10%～20%鸡较正常出壳晚一天。另出壳母雏中有5%～10%背部集中一小块没毛或少毛，咨询本品种培育专家，言属遗传。

（4）父母代未开食小鸡和一日龄商品代母雏发现有尿酸盐沉积内脏、输尿管现象，因此对饲养本品种鸡应注意这点。

（本文发表于《当代畜牧》1995年第1期）

影响养殖小区奶牛生产
性能的原因及对策

　　摘　要：通过对乌鲁木齐近郊 6 个奶牛养殖小区生产水平的调查，2016 年泌乳牛平均单产仅为 5 221.85kg，平均每千克商品奶价 3.2 元，每头牛年平均效益 3 394.2 元，存在的普遍问题是：设施不完善，饲养不科学，疫病发病率高，机械化水平低，管理松散等。针对以上问题提出了提高小区奶牛生产性能的多项应对措施。

　　关键词：奶牛养殖小区；生产性能；分析

　　奶牛养殖小区是 21 世纪初由地方政府推动，把一家一户分散饲养的奶牛集中在一起的养殖模式，其目的是便于统一管理、统一防疫、统一供料、统一配种、统一挤奶即"五统一"，这种养殖模式经过十几年来的运行，所谓的"五统一"仅实现了挤奶的统一，而其他的四个统一，基本没能做到，最终形成的是"集中养殖，分散管理"，生产水平仍然未能提高，生产效益依然较低，标准化养殖技术难以推广，奶牛的发病风险却在增大。通过对乌鲁木齐市近郊奶牛养殖小区的调查，提出以下对策和措施。

1　养殖小区奶牛的实际生产水平

1.1　生产性能表现

　　2016 年，近郊 6 个养殖小区共计存栏 5 528 头，奶产量（商品奶）21 649.8t，平均单产 3 916.4kg/年，其中，泌乳牛存栏 4 146 头，泌乳牛平均单产 5 221.85kg/年（商品奶），通过 DHI 监测，奶牛养殖小区牛奶的乳脂率在 3.1%~3.3%，乳蛋白率在 2.8%~3.0%，体细胞数和细菌菌落数在 50 万个/mL 左右，情期受胎率在 30%~40%，产间距普遍大于 400d，犊牛成活率接近 80%，18 月体重 350~380kg。

1.2　饲养效益

2016年养殖户交给乳企的平均价格为每千克商品奶3.2元，主要的饲养成本包括饲料费、人工费、水电费、防疫费以及育成牛的摊销等，合计每千克牛奶的饲养成本达到2.55元左右，每头泌乳牛在泌乳期间（305d），牛奶利润仅为3 394.2元，不但养牛效益低，而且随着雇工费用的增大以及奶牛发病率的增高，养殖户所承担的生产风险和市场风险越来越大，养奶牛的积极性锐减。

2　影响奶牛生产性能的原因分析

2.1　养殖设施陈旧，不能适应高产奶牛的需要

在小区的布局和内部功能区的建设方面，随着经济和社会的发展，过去建的小区距离主干道、生活区、工厂等越来越近，几乎没有屏障可言；小区内部建筑结构紧凑，舍间距较近，又没有划分堆粪场，隔离舍，生产辅助区。养殖户吃、住、生活在牛舍，人畜不分离。舍内基本采用栓系式饲养，牛位面积小。没有产房，大小牛同舍饲喂。运动场排水系统不科学，经过整个冬季的积粪积雪，开春后冰雪融化，普遍存在较深的泥水，对牛的刺激较大。虽然牛舍建筑为水泥砖混结构，但通风、排气、降温、保暖设施不具备，造成冬季舍内寒冷潮湿，夏季舍内炎热，空气混浊，有的小区道路没硬化，清洁道与粪道不区分，消毒设施不到位，卫生状况较差。

2.2　饲养管理不科学

一是饲料营养差、品质差，普遍不喂全价混合饲料（TMR），养牛的职工大多都是过去长期养牛的，仍然按照过去的老经验，基本上还是"有啥喂啥"。奶价好，喂得好，奶价低，喂得差。原料不固定，质量没保证，营养不全面，配方不科学，能量蛋白不平衡。大小牛饲喂不分槽。青贮品质差，浪费大。二是犊牛、青年牛管理不科学。新生牛喂初乳不及时，喂不足。犊牛人工喂奶不消毒或消毒不彻底。牛奶不预热，腹泻病发病率高。育成牛体成熟与性成熟不一致，性成熟早，体成熟晚。有的青年牛初配较早影响奶牛的后期生产性能。三是泌乳牛管理差。每日挤奶次数少，产奶期短，高峰期达不到理想值。每天2次集中挤奶对处于产奶高峰期的泌乳牛有影响。几个小区普遍存在多数泌乳牛实际产奶天数达不到305d（250d左右），也有的牛

长期处于低产期，每天不足 10kg，即便在产奶高峰期，日产量多数达不到 30kg。四是环境温度不合适：由于防寒、降温设施没有，全靠奶牛对季节变化的自我调节，而新疆的春秋二季又很短，所以，5~15℃理想产奶温度较短，低于−5℃和高于25℃的极限温度每年至少有100d以上，而极限温度造成的对产奶量的影响，绝非100d。五是性能测定（DHI）不能开展，对泌乳牛的精细化管理做不到。六是年淘汰率低，老弱病残及低产牛长期存在，一些牛配不上，长期处于空怀期。隐性乳房炎、"两病"（布病、结核病）检疫阳性率高，阳性牛不能及时淘汰。

2.3 疾病的发病率高

口蹄疫（FMD）虽然春秋二次统一免疫，但仍有散发，特别是 O 型与 A 型。乳房炎特别是隐性乳房炎的发病率在20%以上。腹泻病是造成犊牛成活率低的主要原因。子宫内膜炎直接影响到成母牛的受胎率。布病、结核病的检出阳性率呈上升趋势，所以，流产率高。

2.4 繁育率低

母牛发情鉴定不准确，配种不及时。流动性配种员，往往只管能否配上，没有配种记录，对所用冻精的品质、场家、公牛没有选择，长期在一个区域配种，使用同一场家、同一种公牛精液，难免出现近亲繁育现象，对受配母牛也不加选择，导致受胎率低，犊牛畸形率高。由于繁殖障碍类疾病发病率高，得不到有效治疗，久配不孕、空怀牛多，造成平均成母牛产间距长。

2.5 小区管理松散

饲养管理、疫病预防制度不完善或者执行不到位，标准化养殖技术难以推广，各种疫病反复发生。虽然小区建有围墙、有大门，甚至专人看门，但人员、牲畜、车辆进出频繁，买牛卖牛交易不断。病死畜及流产物不能及时按规定处理。小区内卫生状况差，清洁道上常撒有粪便、草料。小区内到处可见猫、狗、老鼠、野鸟。进入场区人员、车辆不按规定消毒。

2.6 机械化程度低

由于各家各舍大小牛混养，TMR 机难以推广，青贮窖距牛舍较远，主要靠人工挖取，不但费力而且浪费较大。运动场和牛舍由于设计不合理，机械清粪没法展开，机械自动喂奶机虽然方便，又能消毒和保温，但由于成本大，每家每户牛犊少，所以推广难，自动化控温系统由于投入成本大，投入产出低，所以更难以实现。

3 提高小区奶牛生产水平的对策

3.1 争取政府支持，改造基础设施和设备，改善奶牛生存环境

与现代化规模牛场相比，养殖小区的硬件设施较差，对小区内的道路、消毒池、小区的围墙、运动场、牛舍、围栏、降温设备以及保温设施进行修缮及改造都需要投入大量资金，由于硬件设施的投入大，见效慢，靠养殖户（奶农）自己解决，困难较大。如果设施改造难以实现，小区就不能摆脱简单粗放的生产经营模式，标准化奶牛养殖的相关技术就难以推广，不但小区的奶牛生产水平很难提高，而且牛奶的品质也难以提高，不但饲养成本越来越高，饲养效益越来越低，而且鲜奶的市场竞争力不高，如此，奶牛养殖小区最终将逐渐退出。因此，只有依靠政府，在政府部门的政策和资金扶持下，改造和完善基础设施、设备，改善奶牛生存环境，才能减小奶牛生长及生产的各种不适及应激。从而使奶牛养殖小区继续得到发展。

3.2 推广奶牛饲养的标准化管理

一是养殖户必须摒弃长期形成的饲养习惯和旧的经验。在喂料方面，不能有啥喂啥，应推广全价混合日粮，提高饲料的品质，根据不同阶段，饲喂不同营养标准的饲料。二是培育合格的后备母牛，及时淘汰老弱病残成母牛，特别是久配不孕、习惯性流产、低产劣质奶牛以及乳房炎、"两病"检疫的阳性牛。三是坚持自繁自养，封闭式养殖。不从外购牛，小区禁止外来车辆、人员进入，配备专门的配种员、兽医，禁止流动性兽医、配种员进入小区。四是每个小区成立"奶牛养殖协会"，真正实现"五统一"，便于标准化技术的推广，有利于政策的支持和政府部门资金的扶持，有利于政府部门对生鲜乳的监管，另外，由养殖户自愿参加的协会组织，还有利于加强对小区内部行政、防疫等的监管，改变过去相对松散的结构，更有利于共同抵抗养殖风险和市场风险。

3.3 健全各种制度，提高生产水平，始终坚持自繁自养

制定综合性防疫制度和对高发病率疾病的针对性预防程序，并加强对疫病的监管和检测，特别是按照防控程序，做好口蹄疫、布病的免疫、检测、预警，以及结核病的检疫和净化，及时治疗奶牛繁殖障碍类疾病。制定行之

有效的小区环境卫生、购牛售牛、粪污处理、病死牛的无害化处理等监管制度，针对小区的条件和养殖户的素质，开展科学管理的养殖技术培训。在做好小区牛群的免疫、净化的同时，始终做到不从外购牛，这是降低牛群疫病风险的关键。

3.4　推广高效养殖技术

只有实现高产才能实现高效，只有实现机械化，才能实现管理高效化：现代奶牛养殖，虽然实现了品种的优良化、挤奶机械化，人工授精技术也得到了普及，但小区的总体机械化程度还较低，养殖成本高，品种的选优、选配以及受胎率、繁殖率都较低，因此，推广奶牛性控技术、奶牛优生优育技术、精细化管理技术、机械化收割、饲喂、清粪、拌料、喂奶技术、疫病的快速诊疗技术以及数据化、信息化管理技术很有必要，这些技术的推广应用，有利于提高产量，降低成本，有利于提高劳动效率，提高精细化管理水平，最终提高养殖效益。

总之，优良的品种、舒适的设施环境、高品质的全价饲料、科学的饲养管理以及疫病防治技术永远是高产高效现代畜牧业发展的主要要素。作为饲养量及产奶量占全疆一半以上的奶牛散养户包括养殖相对集中的养殖小区的养殖户，如果不从根本上对这些要素加以改造和提升，很难抵御养殖风险和市场风险。

（本文发表于《中国牛业科学》2017 年第 5 期）

乌鲁木齐地区温湿度变化对
奶牛泌乳性能的影响

摘　要：通过对乌鲁木齐市周市边荷斯坦奶牛的两个养殖小区和两个规模场 2015 年、2016 年月平均单产的调查，结合 2 年来对应月份温湿度的变化，分析出乌鲁木齐地区温、湿度变化的规律，即温度变化呈倒"V"形，夏季炎热、冬季寒冷；湿度变化呈"U"形，夏季相对湿度低，而冬季高。由此引起的热应激对奶牛生产性能的影响主要表现在每年的 7 月，且比较明显；冷应激的表现主要在每年的 1 月或 12 月，低温高湿比高温低湿对奶牛生产性能的影响大。

关键词：温度；湿度；泌乳牛；生产；影响

优良的品种、优质的饲草料、科学的饲养管理、完善的疫病预防以及适合的环境条件是奶牛发挥潜能的主要因素，其中，奶牛对环境的适应性，不但影响着奶牛的生产水平，同时，也决定着奶牛的基本生存情况。环境因素的影响，主要是区域性温度和湿度的变化。通过对乌鲁木齐地区气候变化以及周边奶牛养殖小区、规模牛场泌乳牛生产性能的调查分析，进一步揭示出温湿度变化对荷斯坦奶牛生产性能的影响以及乌鲁木齐地区奶牛养殖的适应性和最大潜能发挥的空间。

1　乌鲁木齐地区 2015—2016 年的气温变化

通过对乌鲁木齐地区 2015 年、2016 年每月平均高温、平均低温、极端高温、极端低温、平均温度、平均湿度等气象资料的调查，平均高温大于 27℃ 的是 6 月、7 月、8 月 3 个月，平均低于 -5℃ 的月份是 1 月、2 月、12 月，极端高温（≥35℃）主要集中在 7 月、8 月 2 个月，极端低温（≤-15℃）主要集中在 12 月、1 月、2 月（表 1），而奶牛生产最适宜的温度是 -5~27℃。因此，1 月、2 月、7 月、12 月 4 个月的平均温度从理论上讲对其生产有影响。5 月、6 月、7 月、8 月、9 月 5 个月相对湿度较低，特别是夏季最低湿度≤

20%，而1月、2月、11月、12月4个月相对湿度较高，奶牛饲养的适宜湿度为50%~70%，因此，对奶牛生产有影响（表1）。

表1 2015—2016年每月温度湿度变化表

项目	年份	月份											
		1	2	3	4	5	6	7	8	9	10	11	12
平均高温（℃）	2015	−4	−2	5	17	24	27	32	28	19	13	3	−3
	2016	−6	−4	8	19	21	29	30	28	26	10	0	−3
平均低温（℃）	2015	−12	−11	−3	7	13	17	21	17	9	4	−3	−11
	2016	−14	−13	−2	8	11	18	20	19	16	2	−7	−10
极端高温（℃）	2015	3	6	20	33	30	33	41	37	28	25	11	3
	2016	3	6	20	25	30	35	36	32	32	20	15	6
极端低温（℃）	2015	−20	−18	−9	−10	10	10	12	10	1	−3	−5	−18
	2016	−21	−19	−10	5	5	13	15	14	11	−6	−17	−17
平均温度（℃）	2015	−8	−6.5	1.0	12.0	8.5	22.0	26.5	22.5	14.0	8.5	0	−7.0
	2016	−10	−8.5	3.0	13.5	16.0	23.5	25.0	23.5	21.0	6.0	−3.7	−6.5
平均湿度（℃）	2016	77	75	66	49	42	45	45	46	47	57	75	75

从温湿度变化曲线可以看出，温度变化呈倒"V"形，其所表现的规律是从2月开始迅速升温，3月气温达到零度以上，7月达到顶峰后迅速下降至11月达到零度以下。其中，10月、11月降温幅度最大，因天气突变对奶牛健康可造成影响。空气中的湿度变化呈"U"形，4月、5月、6月、7月、8月、9月连续6个月较干燥；1月、2月、3月、10月、11月、12月连续6个月较湿润，其变化规律与温度变化正相反（图1）。

2 2015—2016年泌乳奶牛平均日单产调查

因为养殖小区和规模牛场的客观条件、饲养管理、牛群结构等不同，选择乌鲁木齐近郊两个奶牛养殖小区和两个规模化牛场进行调查，统计每月泌乳牛平均数量，每月泌乳牛的总产奶量，计算出每月每日泌乳牛的平均单产。

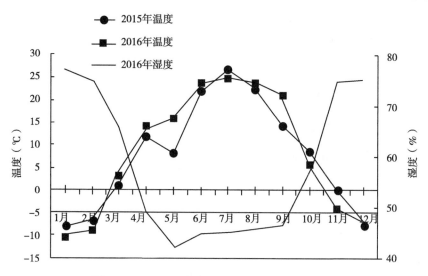

图1　2015—2016年每月温度、湿度变化折线图

2.1　2015年养殖小区单产与气温变化

养殖小区单产与气温变化见表2、图2。

表2　2015年养殖小区1、小区2单产统计表　　　　（单位：kg）

单位	月份											
	1	2	3	4	5	6	7	8	9	10	11	12
小区1	23.9	22.1	18.6	20.8	20.3	25.1	18.3	23.5	24.1	22.1	23.2	15.9
小区2	19.0	18.9	19.1	16.8	17.6	19.9	16.9	17.0	16.8	19.8	19.9	18.9

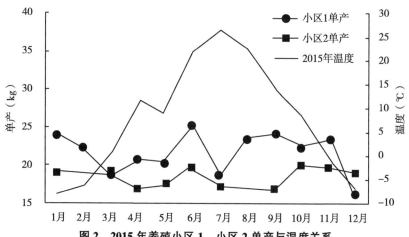

图2　2015年养殖小区1、小区2单产与温度关系

从图2可以看出，由于受热、冷应激的影响，小区1的产奶性能在1月、2月、3月、7月、12月有明显下降，小区2由于单产较低，全年变化不是很明显，共同的特点是6月单产最高，7月下降最明显。

2.2　2015年规模牛场单产与气温变化

单产与气温变化见表3、图3。

表3　2015年规模牛场1、牛场2单产统计表　　　　（单位：kg）

单位	月份											
	1	2	3	4	5	6	7	8	9	10	11	12
规模牛场1	23.9	24.4	24.9	25.0	25.6	27.7	26.6	26.1	27.3	25.5	26.1	26.4
规模牛场2	26.6	27.0	26.9	29.0	30.7	31.0	30.0	30.1	30.2	29.3	28.7	29.0

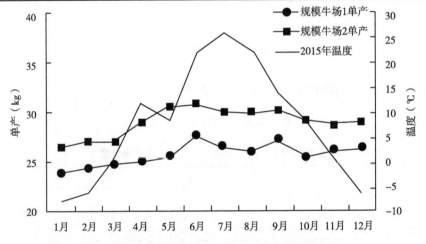

图3　2015年规模牛场1、牛场2单产与温度关系

从图3可以看出，2015年温度对规模牛场泌乳牛性能的影响不是很显著。除了7月两个场随温度升高有些下降外，其他月份不是很明显，温度的应激主要表现在温度的突升突降。

2.3　2016年养殖小区与单产的变化

养殖小区与单产见表4、图4。

表4　2016年养殖小区1、小区2单产统计表　　　　（单位：kg）

单位	月份											
	1	2	3	4	5	6	7	8	9	10	11	12
小区1	15.6	22.6	17.7	21.5	20.9	27.7	19.4	23.5	23.7	22.8	21.6	22.0

（续表）

单位	月份											
	1	2	3	4	5	6	7	8	9	10	11	12
小区2	17.8	18.6	18.8	20.1	20.6	21.9	15.9	21.0	19.5	21.8	21.7	20.5

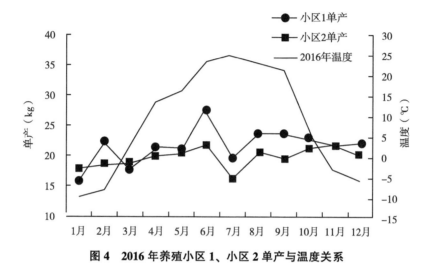

图4　2016年养殖小区1、小区2单产与温度关系

小区1和小区2最明显的变化是7月，由于受高温天气的影响产奶性能有明显的下降，从变化程度来看，小区1比小区2变化大。

2.4　2016年规模牛场泌乳牛产奶量与温度的变化

产奶量与温度关系见表5、图5。

表5　2016年规模牛场1、牛场2单产统计表　　　　　（单位：kg）

单位	月份											
	1	2	3	4	5	6	7	8	9	10	11	12
规模牛场1	25.9	26.9	26.0	24.9	25.0	27.4	25.9	24.6	24.9	23.2	23.3	21.5
规模牛场2	28.3	29.3	28.5	29.1	26.4	30.1	29.0	29.2	29.8	26.6	27.0	26.1

2016年规模场产奶性能变化曲线较明显，与温度变化一致的是6月、7月、11月、12月。

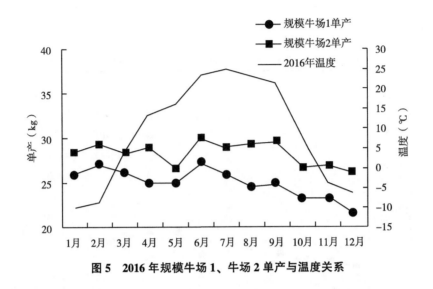

图5　2016年规模牛场1、牛场2单产与温度关系

3　讨论与分析

（1）分析2015—2016年乌鲁木齐地区的温度变化，其规律性较明显。全年日平均气温在-26.5~-10℃，基本适宜于荷斯坦奶牛的生产温度。虽然也存在每年冬夏两季小于-15℃和大于30℃的极限温度，且极限温度天数也长，但由于夏季热而不闷，早晚温差大，且舍内外温差大，冬季-20℃以下持续时间较短，因此，造成的冷热应激并不十分突出。而乌鲁木齐地区的空气湿度是随着气温的变化而变化的。温度升高，湿度降低，湿度夏季最低时可在10%左右，冬季最高时可达到75%以上，全年最适湿度（50%~70%）只有3月、10月2个月，奶牛可耐受湿度（45%~75%）有9个月。

（2）乌鲁木齐地区春季是从3月下旬至5月下旬前后70d左右，多大风；夏季从6月上旬至8月下旬前后90d左右，气候干燥炎热；秋季从9月上旬至10月中旬前后50d左右，气温凉爽；冬季从10月下旬至来年3月中旬前后150d左右，气温寒冷。根据季节的变化，荷斯坦泌乳牛表现出不同的性能（表6）。

表6　荷斯坦泌乳牛在不同季节和不同养殖场所表现的日平均单产统计表

（单位：kg）

单位	年份	季节			
		春季 （3月、4月、 5月）	夏季 （6月、7月、 8月）	秋季 （9月、10月）	冬季 （11月、12月、 1月、2月）
小区1	2015	19.9	22.3	23.1	21.3
	2016	20.0	2.5	23.3	20.4
小区2	2015	17.8	17.9	18.3	19.2
	2016	19.8	19.6	20.6	19.65
牛场规模1	2015	25.2	26.8	26.4	25.2
	2016	25.5	26.1	24.4	24.4
牛场规模2	2015	28.9	30.4	29.8	27.8
	2016	28.0	28.4	29.2	27.7

养殖小区奶牛日单产季节性规律不是很明显，而规模场则表现出一年中产奶性能最高的季节均在夏季，最低的多出现在冬季。分析认为，夏季虽然炎热，但昼长夜短，温差大，气候炎热，光照强，代谢快，饮水量较大。

（3）热应激与冷应激对奶牛生产性能的影响比较。用每年中最高月单产分别减去一年中月最高温度和最低温度对应的月单产，计算其下降（变化）幅度（表7）。

表7　2015—2016年热应激与冷应激对奶牛生产性能的影响比较统计　（单位:%）

年份	小区1		小区2		规模牛场1		规模牛场2	
	热应激	冷应激	热应激	冷应激	热应激	冷应激	热应激	冷应激
2015	27.1	36.7	15.1	5.0	4.0	13.7	3.2	14.2
2016	30	43.7	27.4	18.7	5.5	21.5	3.7	13.3

从表中可知，小区2两年中所表现出的是热应激对产奶的影响大于冷应激的影响，而在小区1、规模牛场1和规模牛场2均表现出冷应激的影响大于热应激的影响。热应激影响时间短，表现比较明显，产奶呈突降变化；而冷应激呈渐进变化，而且时间较长。

（4）空气中的湿度主要受气温、降水量、风速等的影响。气温越高，湿度越低；气温越低，湿度越高。空气中相对湿度对奶牛生产性能的影响如表8

所示。

表 8　2016 年空气相对湿度对奶牛生产性能的影响比较统计表　　　（单位：kg）

月份	相对湿度（%）	小区 1	小区 2	规模牛场 1	规模牛场 2
4—9	42~49	22.8	20.0	25.5	28.9
1—3、11—12	57~77	20.4	19.8	24.5	27.6

从表中可知，空气中相对湿度高比相对湿度低对荷斯坦泌乳牛的生产性能的影响大。

4　讨论

（1）中国地域辽阔，地理坐标跨度大。荷斯坦奶牛的饲养气温平均在 $-40~40℃$，所表现出的生产性能差距也较大。乌鲁木齐地区地处欧亚大陆腹地，北天山北麓，准噶尔盆地南缘，东经 $86°37'33''~88°58'24''$，北纬 $42°45'32''~44°08'00''$，海拔 $600~900m$，属于中温带大陆性干旱气候，平均气温在 $-10~26.5℃$。最显著的气候特点是夏季炎热，但热而不闷，冬季寒冷，冰雪覆盖，春秋短，冬季长，昼夜温差较大，寒暑变化剧烈，降水量少，无霜期短。本地区牛舍多为半开放式牛舍，受气候条件以及饲养密度、棚舍材料、通风等的影响较大，舍内外的温度、湿度差距也较大。虽然热冷应激对奶牛生产有明显影响，但这一气候特点没有超出奶牛生产的可耐受温度（$-15~27℃$）范围，比起国内其他地区较有利于荷斯坦奶牛的养殖，其生产性能的潜力很大，如果加强管理，单产水平还会有所提高。

（2）虽然本地区平均温度适于荷斯坦奶牛的生产，但由于受极限温度的影响，夏季防暑，冬季防寒，春秋季节气温剧变，防止消化道及呼吸道疾病是本地区奶牛饲养管理的重点。因此，在本地区建设全封闭式现代化智能牛舍也是有必要的。开放式或半开放式牛舍应提高牛场绿化率，在运动场搭建凉棚，减少舍内密度，调整饲料配方，冬季提高舍内温度，改善舍内通风，及时清除粪尿等。虽然报道新疆奶牛消化道和呼吸道疾病的流行病学调查的资料较少，但从个别牛场所反映的其感染率和发病率较高，以及奶牛布病、结核病感染率上升等都应引起重视。

（3）气温对奶牛自身生理和生化指标的影响以及对牛奶品质的影响，温湿度变化对奶牛生产性能的影响的机理等还待进一步研究。

（本文发表于《中国牛业科学》2017 年第 5 期）

日粮中加全棉籽和 DDGS 对奶牛产奶性能的影响

摘　要：奶牛养殖小区在产奶牛日粮中加8%的全棉籽，5%的 DDGS（玉米酒精糟），经过90d的试验，平均每头牛的日产奶量达到23.6kg，比对照组提高了1.5kg，乳脂率达到3.6%，提高0.2个百分点，乳蛋白率达到3.1%，提高0.1个百分点。

关键词：全棉籽；DDGS；奶牛；日粮

奶牛养殖小区多为集中饲养，分散经营。由于多种因素的影响，多年来奶牛生产水平普遍较低，乳脂率及乳蛋白率也不稳定，最大的问题是饲料结构不合理，饲料营养不平衡，特别是在泌乳盛期奶牛干物质采食量不足，造成能量负平衡，日粮中过瘤胃蛋白质缺乏，日粮原料组成成分单一，针对这些问题，结合本地饲料原料的供应市场，在奶牛日粮中适当加入全棉籽及DDGS，增加奶牛日粮能量及蛋白质的营养浓度，提高奶牛产奶量和养殖效益。

1　试验设计

1.1　试验牛群

在奶牛养殖小区选取4户，每户20头泌乳牛，共80头。根据年龄、胎次及产奶量相近的原则，分两组：一组为试验组，另一组为对照组。

1.2　试验方法、时间

试验组日粮中加入8%全棉籽和5%DDGS，全棉籽直接饲喂。预试期10d，正试期90d，从正试期第1天开始到试验结束，每日记录产奶量，每10d测1次乳脂率及乳蛋白率。

试验时间：2016年6月1日—2016年8月31日。

1.3 日粮组成及营养成分（表1）

表1 日粮组成及营养成分

	原料	对照组	试验组
精饲料组成成分	玉米（%）	58	53
	麸皮（%）	8	8
	葵饼（%）	17	10
	棉粕（%）	7	9
	豆粕（%）	5	5
	DDGS（%）	0	10
	预混料（%）	1	1
	磷酸氢钙（%）	1	1
	小苏打（%）	1	1
	石粉（%）	1	1
	食盐（%）	1	1
日粮组成成分	精饲料（kg）	10	9
	青贮（kg）	35	30
	全棉籽（kg）	0	1.5
	啤酒槽（kg）	6	3
日粮营养成分含量	干物质（DM）（kg）	18.45	18.27
	能量单位（个/kg 干物质）	2.11	2.18
	粗蛋白（%）	14.5	15.8
	粗脂肪（%）	3.8	4.9
	中性洗涤纤维（NDF）（%）	42	43
	酸性洗涤纤维（ADF）（%）	26	27
	Ca（%）	0.79	0.67
	P（%）	0.48	0.55

1.4 日粮成本核算（表2）

表2 日粮成本核算

	每100kg 饲料成本（元）	日耗料量（kg）	平均每头耗料量（kg）	平均每头每天饲料成本（元）
对照组	167	701	18.45	30.8
试验组	170	712	18.27	31.1

2　试验结果

2.1　产奶量（表3）

与对照组比较，产奶量总计提高 7 254kg，平均提高 1.5kg/（头·d）。

表3　产奶量的变化

组别	泌乳牛头数（头）	产奶量（kg）				平均每头牛日产奶量（kg）
		前期（前30d）	中期（中30d）	后期（后30d）	合计	
试验组	39	27 012	28 224	27 600	82 836	23.6
对照组	38	25 000	25 298	25 194	75 582	22.1
差别	1	2 012	2 926	2 406	7 254	1.5

2.2　乳脂率、乳蛋白率（表4）

与对照组比较乳脂率提高 5.9%（0.2 个百分点），乳蛋白提高 3.3%（0.1 个百分点）。

表4　乳脂率、乳蛋白率的变化

组别	乳脂率（%）	乳蛋白率（%）
试验组	3.6	3.1
对照组	3.4	3.0
差别	0.2	0.1

3　分析与讨论

（1）从表1可以看出，试验组日粮粗蛋白含量为15.8%，比对照组高出1.3个百分点，粗脂肪含量为4.9%，比对照组高出1.1个百分点，说明在日粮营养浓度方面试验组比对照组有明显的优势，试验结束后试验组比对照组产奶量多出1.5kg/（头·d），说明在养殖小区现有日粮基础上添加全棉籽和DDGS能提高牛奶产量。

（2）此次试验期正处在新疆炎热季节，极限温度连续超过产奶牛的适宜温度（连续27℃以上）。这些情况对试验结果有较大影响。然而，在同等条件下，由于试验组日粮营养浓度较高，饲料消化吸收利用率较高，产奶量比对照组高 1.5kg/（头·d）。说明其抗热应激的能力比对照组稍强，如果处于春季或秋季适宜产奶的季节，试验的结果将会更加明显。

（3）养殖成本及经济效益分析（表5）。从表5看出，试验组每天增加牛奶收入 4.8 元，扣除饲料成本差额 0.3 元，实际增加经济效益 4.5 元，每头牛每个泌乳期增加 1 372.5 元的收入，经济效益比较显著。

表 5　养殖成本及经济效益

项目	泌乳牛头数（头）	每日每头精料（kg）	每日饲料成本（元）	每天平均产奶量（kg）	牛奶单价（元/kg）	每头牛每日产奶收入（元）
试验组	39	9	31.2	23.6	3.2	75.5
对照组	38	10	30.9	22.1	3.2	70.7

（4）试验组的乳脂率比对照组提高 5.9%，乳蛋白率提高 3.3%。说明在养殖小区日粮品种单一的情况下，添加全棉籽和 DDGS 能够同时提高乳脂率和乳蛋白率，牛奶营养品质提高，不但对消费者有益而且牛奶"按质论价"收购后，可以增加奶牛养殖户收入。

（5）全棉籽含 23% 的粗蛋白、13% 的粗脂肪，是泌乳盛期奶牛较理想的饲料原料，新疆作为全国最大的产棉区，其棉籽的资源量非常丰富，每年生产量在 100 万 t 以上。利用棉籽作为奶牛的饲料原料，一方面，可以提奶牛高生产水平和牛奶品质，另一方面，可以利用本地丰富的饲料资源发展畜牧业，特别是对奶牛养殖业的持续发展有促进作用。本次试验选择在奶牛养殖小区进行，目的就是希望通过此次试验推动养殖小区在使用饲料新原料方面有所突破。

（6）全棉籽可提高牛奶脂肪含量，这与刘建雷等人的报道一致，但本次试验中奶牛的乳蛋白含量也有增加的趋势，这与王萌等人报道的不太一致，是否由于本次试验中同时使用了 DDGS 的原因需进一步研究。

（本文发表于《新疆畜牧业》2017 年第 6 期）

提高养殖小区奶牛饲养效益的技术措施

摘　要：通过对乌鲁木齐周边奶牛养殖小区生产水平的调查，分析奶牛养殖小区存在的技术管理问题，认为推广现代奶牛管理技术是提高养殖小区繁育力、产奶量和乳品质的有效措施。

关键词：奶牛养殖；技术；措施

奶牛养殖小区就是将过去每家每户养的牛集中在一起进行统一饲养，当前除了饲养设施落后，影响奶牛生产水平发挥外，其次就是饲养的技术管理水平低，一直停留在低成本、低饲养水平、低乳品质量、低效益的状况，今后随着乳企对奶品质收购标准的提高，这种饲养模式如果不改变将难以继续维持。因此，提高技术管理水平，全面推广现代奶牛饲养技术是奶牛养殖的唯一出路。本文通过对乌鲁木齐近郊奶牛养殖小区生产与技术水平的调查，针对性地提出提高奶牛养殖综合效益的技术措施，供参考。

1　近郊奶牛养殖小区奶牛饲养水平及经济效益状况

通过对乌鲁木齐近郊 6 个奶牛养殖小区的调查，结果表明，2016 年平均泌乳牛存栏 5 013 头，平均日单产 17.67kg，平均乳脂率 3.2%左右，平均乳蛋白率 2.9%左右，体细胞数在 50 万~200 万个/mL，平均产间距在 400d 以上，情期受胎率 55%，犊牛成活率 80%，每千克牛奶饲料成本 2.56 元，每头泌乳牛全年平均单产 6 450kg，年平均净收入 4 128 元左右。

2　养殖小区奶牛饲养技术存在的突出问题

2.1　繁殖力低，成母牛利用率低

主要表现是产间距较长。造成产间距较长的主要原因是：产犊 45d 后，

第一情期受胎率低，为 27.4%，产后 60d 受胎的牛约占 16.7%，90d 受胎的牛约占 40.5%，120d 以上占 35.7%，180d 以上或不孕牛占 7.1%，有 35.7% 以上的泌乳牛产间距在 420d 以上；流产率高，布鲁氏菌病（简称布病）疫苗免疫效果差的养殖小区，由布病引起的流产率几乎占怀孕牛的 20.3%，其他如霉变饲料、机械创伤等引起的流产占 4.3% 左右；母牛繁殖利用率低，一头成母牛如果一生能繁殖 5 胎，其中，2~3 头为母犊，扩繁速度较慢，效益低。

2.2 单产水平低

泌乳牛平均日单产仅为 17.67kg，而乌鲁木齐市现代化规模牛场日平均单产达到 27~29kg，日平均每头牛单产低 10.67kg 以上，每头牛年单产低 3 895kg，净收入低 2 500 元。造成单产低的原因：除饲养条件设施落后外，主要是养殖户不喂全混合日粮，更不要说根据 DHI 调整饲料营养，TMR 机在养殖小区很难推广应用；管理水平低，各种应激对泌乳牛的影响较大，如热应激和冷应激，经过研究在乌鲁木齐地区热应激对养殖小区泌乳牛造成的影响为 28.7%，冷应激为 31.2%。每年初春，奶牛运动场遍地粪水，给奶牛造成的关节病、乳房炎等发病率增高；无配种记录，有近亲交配的情况，长期以来也没有进行后裔测定；遗传退化，后备母牛体成熟晚，成母牛体型指数低，乳房结构差；发病率高，有抗奶引起的牛奶商品率低，特别是隐性乳房炎发病率高，体细胞数在 50 万个/mL 以上。

2.3 发病率高

长期以来困扰奶牛养殖的主要疾病仍然是口蹄疫（O 型、A 型）、布病、结核、乳房炎及产科病。而口蹄疫、布病、结核病的发生给奶牛饲养造成的损失将是毁灭性的。由于不按国家推荐的口蹄疫免疫方案实施，免疫率低，免疫效果差，造成患病风险。布病在地方部门要求免疫之后，由于担心人在免疫中被动感染，免疫率低或者不按说明免疫，错过 6~8 月龄免疫的最佳月龄。近年来，结核病的 PPD 阳性率一直很高，按规范处理已使养殖户无法承担经济损失。乳房炎，特别是隐性乳房炎引起的体细胞数比标准要求高。使牛奶收购受到限制，从而影响其商品奶产量。产科病是影响奶牛受孕的主要疾病，2016 年经过调查，养殖小区子宫内膜炎的发病率为 17.8%，胎衣不下发病率为 10% 左右，空怀不孕的发病率为 7.3%。

2.4 病牛、低产牛的淘汰率低

不能及时处理病牛，长期不孕或屡配不孕、单产低的牛不但造成饲料成本加大，而且药物治疗成本加大。两病检疫的阳性牛不能及时处理，带病牛与健康牛长期混舍饲养，造成感染率提高，出现年年检疫年年有感染牛，而且一年比一年多的现象。乳房炎、隐性乳房炎的病牛不能在短期内治疗，造成有抗奶或超标准的体细胞数牛奶不能商品化。公牛犊和单产低的牛同泌乳牛或单产高的牛同舍饲喂，增加饲料成本，育肥效果也不佳。

3 提高奶牛综合效益的主要技术措施

3.1 提高情期受胎率

首先，提高人工授精的准确率，聘请固定的有经验的授精员，开展精准授精。配种员配种前对受配母牛的产道进行处理，胎衣不下时，夏天第 3 天，冬天第 3~7 天用抗生素处理产道。产后胎衣正常排出时，20d 左右用清宫液等处理产道。每次受精前检查精液品质、密度，活力低时可一次用两剂冻精。准确判定受配母牛发情时间。抓住配种时机，一个情期两次配种，即：早上发情下午配，第二天 10 点前加配 1 次；晚上发情第二天上午配，下午 6 点加配 1 次。授精部位要准确：即普通冻精在子宫颈口，性控冻精在子宫角 1/3 处。其次，对发情表现不明显，乏情牛要仔细观察，及时治疗。

3.2 提高单产

饲喂全混合日粮，推广小型卧式 TMR 机，其运动方便、灵活，搅拌均匀。通常使用的是一个动力机头加一个卧式搅拌箱。全混合日粮不但营养全面，而且可提高奶牛对饲草料的适口性及消化率。改善奶牛饲养环境，提高饲养管理水平，推广加温式水槽，散栏式饲养，减少各种应激。开春后及时清理运动场粪水。继续加强品种改良，使用优良种公牛的冻精。

3.3 疫病控制

对口蹄疫的预防，唯一有效的方法就是进行免疫接种，犊牛 3 月龄首免，4 月龄后二免，以后每半年加强免疫 1 次，并对口蹄疫免疫效果进行动态监测。确保应免畜免疫率达到 100%，免疫效果在 70% 以上，并要根据监测效果决定实施免疫的时机。对布病应坚持净化措施。除此之外，要防止结核病经口传播，出生牛喂巴氏消毒奶，及时清理舍内粪便，并对牛场进行消毒。乳房炎的预防，除了用中成药防治之外，发病率高的牛群应查清引起乳房炎的菌种对应防治。

3.4　淘汰劣质个体

对老弱病残牛要及时淘汰。特别是产量低的牛，感染结核、布病的牛、屡配不孕的牛、乳房炎难以治愈的牛应及时淘汰。

3.5　选用性控冻精

为了提高母牛利用率，快速扩繁，健康的个体成母牛可选用品质好的性控冻精，特别是头1、2胎牛，产科病发病率低，可在第一情期使用，若第一次配种没受胎，则在第二次复配时再选用普通冻精。目前由于国产性控冻精品质较国外进口的效果差，规模场大多都选用进口性控冻精，然而由于使用成本高，而个体养殖户使用性控冻精的积极性仍然不高。五一农场奶牛养殖小区2014—2017年试验性使用新研发的多产母犊冻精，虽然母犊率不及性控冻精，但比普通冻精高，而且受配母牛要求条件低，母犊率达到了76%，已取得较好效果。另外，对于饲养较粗放、奶品质较低（乳脂率低、乳蛋白率低、体细胞数高等）、产量较低的奶牛，建议选用德系或法系西门塔尔牛与荷斯坦牛杂交，可以取得良好杂交效果，不但单产高，乳品质量高，而且出生后的杂交公牛犊其育肥效果好，料肉比低，生长速度快，公牛犊比纯荷斯坦公牛犊每头多收入1 000元/头，成母牛淘汰时体重比荷斯坦淘汰牛高60～100kg，综合效益较高。

总之，奶牛养殖小区比现代化规模场设施条件差，生产水平低，但比规模场管理成本低，如果对养殖小区的饲养条件进行改造并积极推广现代养牛新技术，其饲养奶牛的综合效益在一定程度上还有潜力。广大养殖户作为新疆奶牛养殖的重要组成部分，随着今后养殖及乳品加工的逐渐规范化，低产量、低品质的奶牛养殖方式将被逐步淘汰，因此，加强管理、科学养牛、提升产量、提升乳品质量是今后奶农继续从事养殖业的出路。

（本文发表于《新疆畜牧业》2018年第4期）

集约化奶牛高产高效养殖技术的研究成果应用

摘　要：以"集约化奶牛高产高效养殖技术的研究与应用"项目为基础，研究出口蹄疫的免疫动态监测和评估体系；奶牛布鲁氏菌病的"三免四停五检疫"技术；结核病的传播途径及"检疫—扑杀—药物预防—净化"技术；TMR技术对促进生产性能的作用；饲料中添加全棉籽和DDGS对泌乳牛生产性能的影响；新疆温湿度及季节变化对奶牛的应激程度；蒙贝利亚牛与荷斯坦牛杂交效果；"多产母犊"冻精的中试结果；精准授精技术的应用共9项研究成果及应用情况进行报道。

关键词：集约化；奶牛养殖；技术成果；应用

集约化奶牛养殖是一项系统工程，而改良品种、改善环境设施、提高管理水平、完善饲料配方、进行科学防疫永远是研究和应用永恒的主题。随着畜牧业的发展，新技术的研究成果在不断创新，奶牛的生产水平也在不断提高，本文以课题研究为基础，就集约化奶牛高产高效养殖技术的研究成果转化应用情况报道如下，供参考。

1　品种改良技术成果的应用

1.1　以蒙贝利亚为父本，荷斯坦奶牛为母本的杂交应用效果

蒙贝利亚牛为法国肉奶兼用型品种，其耐粗饲、抗病性强、生产性能好、乳品质量佳，用蒙×荷杂交，目的是改良荷斯坦奶牛的抗逆性，提高体重和综合效益，改变乳品质量，提高乳脂率和乳蛋白率，降低奶牛中的体细胞数。第一次通过杂交生产 F_1 代牛 381 头，其中，公犊 196 头，母犊 185 头，公犊高出纯荷斯坦公犊 1 000~1 500 元价格出售育肥。F_1 代母牛成年体重比荷斯坦牛重 68kg，乳脂率达到 4.04%，比荷斯坦牛高 0.35%，乳蛋白率达到 3.41%，比荷斯坦牛高 0.08%，年单产达到 7 827kg，较荷斯坦牛低 81kg，其抗病力

强，综合效益比荷斯坦牛高。蒙×荷杂交最适合于养殖小区、散养户以及生产水品较低的奶牛和肉奶兼用型改良的集约化牧场。

1.2 "多产母犊"冻精的研究开发与应用

与常规性控冻精不同，"多产母犊"冻精是利用 Zfy 干扰基因载体，从源头上对种公牛 X、Y 精子生成进行干扰，从而取得控制性别的目的，这种方法与在体外用先进仪器进行 X、Y 精子分离不同，母犊率可以达到 70% 以上，虽然没有常规性控冻精高，但受胎率高，对受配母牛条件要求低，人工授精部位与普通冻精一致，成本低、价格低。2014 年试验共配母牛 72 头，其中，受胎牛 52 头，生产母犊 40 头，受胎率达到 72.2%，母犊率达到 76.9%。2017 年中试应用，配种牛 1 048 头，受胎数 685 头，情期受胎率 65.4%，母犊率 71.6%，13 月龄测试体尺与使用普通冻精的后代基本一致。

1.3 精准授精技术与良补冻精的应用推广

人工精准授精技术是指：精准把握奶牛发情时间，精准把握精液品质，精准把握受配时间，精准把握发情母牛健康状况，精准把握配种次数，精准把握输精部位，即六精准，并研究制定每项"精准"的技术和程序。一般在产后 45d 开始，一天早、晚 2 次仔细观察发情情况，随时把握配种时间。配种前对奶牛产道进行药物处理。把握奶牛健康情况，胎衣不下时，夏天第 3 天，冬天第 3~7 天人工药物处理产道。胎衣正常出来时，20d 左右用中成药处理产道。母牛发情时，抓住配种时机，实行一次发情二次配种，即早上发情下午配，第 2 天上午 10 点加配一次；若晚上发情，第 2 天早上配，下午 6 点加配一次。配种前对精液品质进行抽测，把握精子质量，密度、活力达不到标准时不用。确保输精部位在子宫颈。通过开展精准输精，2013—2018 年示范区共应用国家良补冻精 41 909 支，受配母牛 25 025 头，日平均单产提高 2kg，每头牛单产平均达到 6 580kg/年，产间距由 400d 以上缩短到 400d 以内。

2 饲养管理技术成果的应用

2.1 TMR 技术在养殖小区的应用与示范效果

购置小型（6m³）卧式固定式和移动式 TMR 车 4 台。通过应用示范，在原料配方不变的情况下，固定式日采食量增加 3.8~7.5kg，移动式日采食量增加 5~6kg，固定式日产奶量提高 4.55~6.82kg，移动式日产奶量提高 5~6kg，每头泌乳牛平均年增加收入 4 000 元左右。应用 TMR 技术，提高饲料适口性，提高饲料转化率及营养的吸收，降低劳动力，达到提高综合效益的目的。

2.2 饲料新配方的研究与应用

在产奶牛的日粮中加入 8% 的全棉籽、5% 的 DDGS（玉米酒精糟），通过 90d 的比对试验，平均每头牛的日产奶量比对照组提高 1.5kg，乳脂率提高 0.2%，乳蛋白率提高 0.1%，说明在泌乳牛日粮中适量加入全棉籽和DDGS，可以增加奶牛日粮能量及蛋白质的营养浓度，从而提高奶牛产量和乳品质量。全棉籽和 DDGS 在新疆比较丰富，作为饲料原料可以起到转化和利用的效果。

2.3 温湿度及季节变化对奶牛生产性能的影响研究

乌鲁木齐地区温度变化呈倒 "V" 形，夏季炎热、冬季寒冷；湿度变化呈 "U" 形，夏季相对湿度低，而冬季高。由此引起的热应激对奶牛生产性能的影响主要表现在每年的 7 月，且比较明显，养殖小区的影响在 15.1%~27.1%，对规模场的影响在 3.2%~4.0%；冷应激的表现主要在每年的 1 月或 12 月，对养殖小区的影响在 5.0%~36.7%，对规模场的影响在 13.7%~14.2%，低温高湿度比高温低湿度对奶牛生产性能的影响大。这一气候特点没有超出奶牛生产的可耐受温度（-15~27℃）范围，其生产性能的潜力还很大，如果加强管理，单产水平还会有所提高。虽然本地区平均温度适于荷斯坦奶牛的生产，但由于受极限温度的影响，夏季防暑，冬季防寒，春秋季节气温剧变，防止消化道及呼吸道疾病是本地区奶牛饲养管理的重点。因此，适时调整饲料配方，在本地区建设全封闭式现代化智能牛舍也是有必要的。

3 疾病防控技术研究成果的应用

3.1 口蹄疫动态监测和评估体系的建立与应用

免疫—监测—评估是科学防疫的重要手段，通过强化免疫，使应免畜免疫率达到 100%，被动建立机体抗体防护，并通过动态监测随时掌握群体和个体抗体的水平，掌握区域内病毒的感染和传播情况，通过对环境、饲养管理、消毒等因素综合评估，根据评估指数确定预警级别，制订对应级别的措施和处置方案。2013—2017 年，奶牛口蹄疫 O 型、亚 I 型和 A 型疫苗免疫 55 175 头次，平均免疫密度达到 99.1%。共对 5 个小区的 3 564 份奶牛血清样本进行监测，平均抗体保护率 O 型 93%，亚 I 型 96%，A 型 93%。应用单抗阻断 ELISA 法对口蹄疫非结构蛋白抗体进行监测，1 025 份奶牛血清样本，阳性数 171 份，平均阳性率 14.1%。抽取 O/P 液样本，应用荧光 RT-PCR 法对口蹄疫病毒进行监测 9 804 份奶牛 O/P 液样本，监测结果全部为阴性。

3.2　奶牛布病的"三免四停五检疫"防控技术成果的应用

在检疫净化的基础上，利用 A19 号牛型疫苗连续 3 年对新培育的青年牛（6~8 月龄）和未孕牛进行免疫（只免 1 次），第 4 年停免，第 5 年检疫净化，并对区域内布病的病原进行检测，利用虎红平板凝集试验和胶体金快速检测卡进行比对。研究结果：区域内主要是布鲁氏菌为牛型 3、5、6 或 9 型，两种方法比对试验。结果表明，相同率达到 99.31%，对免疫后的转阳率监测，转阳率达到 64.5%~67%，产生较好保护率，通过调查免疫后繁殖障碍性疾病的发病率明显下降，其中区域内流产率下降了 18.6%。

3.3　奶牛结核病"检疫—扑杀—药物预防—净化"技术成果的应用

通过调查研究，结核病除经过呼吸道传播外，经过粪口传播的几率增加，利用常规的 PPD（皮内变态反应试验）和 γ-干扰素 ELISA 比对试验。二者的符合率较高，而且 γ-干扰素 ELISA 试验的敏感性比 PPD 试验还高，通过对 PPD 阳性牛用抗菌药物和激素刺激，再复检结果变化较大，特别是青年阳性牛表现出对抗菌药和激素的敏感性更强，因此，根据不同年龄（≤1 岁犊牛、1~2 岁青年牛、>2 岁成年牛）、不同健康状况的（检出阳性牛的牛群中的阴性牛，以及受到威胁的牛群），采取对应的药物预防可以有效控制奶牛结核病的传染。通过采取这种措施，2018 年，区域内的结核病 PPD 阳性率下降了 1.16%，而且有 2 个小区达到奶牛结核病净化标准。

4　小结

（1）这次技术研究的成果是在前人研究的基础上的延伸与创新，并结合集约化养殖小区的特点将各项研究成果进行集成与组装，经过应用取得较好效果。由于条件、技术设施等与现代化规模牛场不可比较，因此，对广大集约化养殖小区及散养户最适用。

（2）技术研究成果及应用。是以"集约化奶牛高产高效养殖技术研究与应用"项目为基础，边研究边转化，其中"多产母犊"冻精、蒙×荷杂交、药物对结核病的预防等成果均在国内首次报道，其实用性和可靠性已经得到验证，并取得明显效益，对奶牛高产高效有促进作用。

（本文发表于《新疆畜牧业》2018年第8期）

小型 TMR 车在奶牛养殖小区的应用效果

摘　要：小型 TMR 车在奶牛养殖小区应用后，固定式泌乳牛日采食量可提高 3.85~7.5kg，日产奶量可提高 4.55~6.82kg；牵引式泌乳牛日采食量可提高 5~6kg，日产奶量可提高 3.3~4.5kg；每头牛年净收入可增加 4 000 元。

关键词：TMR 车；养殖小区；应用

奶牛高产最主要的技术是全混合日粮（TMR）饲养技术的应用，如今，现代化规模牛场 TMR 车的应用已经是一项不可缺少的饲养工艺及技术，然而在奶牛养殖小区推广应用较慢，主要原因是养殖小区设施较差，圈舍不标准，分户饲养，养殖规模小，大小牛混饲。更主要的原因是养殖户观念陈旧、科学饲养意识差，TMR 车制造商也没有针对养殖小区的情况设计出相应的车型。为了提高养殖小区奶牛饲养的生产水平，提高奶牛养殖的经济效益，先后动员 4 户养殖户购进小型卧式 TMR 车进行示范，现将应用效果报道如下。

1　试验分组

2016 年两户购进 2 台 6m³ 小型牵引式 TMR 车，示范编号为牵引式 1 组和 2 组，2017 年又有两户购进 2 台 6m³ 小型固定式 TMR 车，示范编号固定式 1 组和 2 组，分别对牵引式和固定式 4 户人家的应用效果进行统计，并与应用前比较其采食量、产奶量、单产以及经济效益。

2　应用效果

（1）应用牵引式和固定式 TMR 车后奶牛生产性能表现：分别对 4 户养牛户成母牛日采食量以及泌乳牛产奶量连续进行记录，取其平均值，见表1。

表1 成母牛日采食量以及泌乳牛产奶量

类别	分组	成母牛（头）	泌乳牛（头）	日饲喂量（kg）	平均每头日耗料（kg）	日产奶量（kg）	单产（kg）	年平均单产（kg）
固定式	1	40	22	1 200	11.9	600	27.3	9 964.5
	2	26	22	1 100	10.9	550	25	9 125
	合计	66	44	2 300	11.35	1 150	26.15	9 544.75
牵引式	1	50	30	1 300	10	700	23.3	8 504.5
	2	40	20	1 000	15.5	500	25	9 125
	合计	90	50	2 300	12.75	1 200	24.15	8 814.75

（2）牵引式平均比固定式成母牛平均日耗料量高1.4kg，但是，泌乳牛单产却比固定式低2kg，这也与饲料营养配方、原料的品质以及其他饲养管理、动物保健有关。

（3）不同组应用TMR车前后生产性能比较：应用TMR车后，无论是固定式还是牵引式，其采食量、产奶量均比应用前明显增加，固定式第一台平均每头成母牛日采食量增加7.5kg，日产奶量增加6.82kg，表现明显。见表2。

表2 TMR车使用前后生产性能比较

类别	应用前后比较	成母牛（头）	泌乳牛（头）	日饲喂量（kg）	平均每头牛日喂量（kg）	日产奶量（kg）	日平均单产（kg）	年单产（kg）
固定式	应用前	40	22	1 020	25.5	450	20.45	7 464.25
	应用后	40	22	1 200	30	600	27.27	9 953.55
	比较			180	7.5	150	6.82	2 489.3
	应用前	26	22	1 000	38.46	450	20.45	7 464.25
	应用后	26	22	1 100	42.31	550	25	9 125
	比较			100	3.85	100	4.55	1 660.75
牵引式	应用前	50	30	1 000	20	600	20	7 300
	应用后	50	30	1 300	26	700	23.3	8 504.5
	比较			300	6	100	3.3	1 204.5
	应用前	40	20	800	20	410	20.5	7 482.5
	应用后	40	20	1 000	25	500	25	9 125
	比较			200	5	60	4.5	1 642.5

表 3 TMR 车使用前后每年净收入比较

类别		分组	存栏数（头）	泌乳牛数（头）	饲养人员数（人）	劳务费（元）	年平均单产（kg）	产奶量（kg）	奶价（元/kg）	牛奶人工费（元/kg）	牛奶饲料等费（元/kg）	净收入（元）	平均泌乳牛净收入（元）
固定式	1	应用前	65	22	2	91 200	7 464	164 214	3.2	0.55	2	106 738	4 852
		应用后	65	22	1	45 600	9 954	218 978	3.2	0.27	2	216 788	9 854
		比较	65	22	1	45 600	2 489	54 764		0.34		110 050	5 002
	2	应用前	52	22	2	91 200	7 476	164 214	3.2	0.56	2	105 096	4 777
		应用后	52	22	1	45 600	9 125	200 750	3.2	0.23	2	194 727	8 851
		比较	50	22	1	45 600	1 660	36 536		0.33		89 631	4 074
牵引式	1	应用前	50	30	2	45 600	7 300	219 000	3.2	0.42	2	170 820	5 694
		应用后	50	30	1	91 200	8 504	255 135	3.2	0.18	2	260 237	8 674
		比较	50	30	1	45 600	1 204	36 135		0.24		89 417	2 980
	2	应用前	40	20	1.5	68 400	7 482	149 650	3.2	0.46	2	110 741	5 537
		应用后	50	20	1	45 600	9 125	182 500	3.2	0.25	2	173 375	8 669
		比较	10	20	0.5	22 800	1 642	32 850		0.21		62 634	3 132

（4）在相同饲料原料配方条件下，不同组别均表现出采食量不同程度增加，这是因为应用TMR车后，饲料搅拌均匀、柔软、适口性好。日产奶量提高是因为消化率提高，饲料营养吸收率提高。由于不同组别之间饲养管理、饲料原料品质、配方等不同，造成TMR车应用效果有差异。

（5）经济效益的比较：使用TMR车后每头泌乳牛每年净收入与使用前比较，固定式TMR车增加4 074~5 002元，牵引式TMR车增加2 980~3 132元，见表3。

3 分析

（1）横向比较，使用TMR车的示范户，不但产奶量提高，收入增加，而且人工费（劳务费）降低。人工配料、拌料，养殖小区饲养量50头以上，饲养人员一般需2人，50头以下1.5人（冬天为2人）。每人每月工资3 800元。而且配料拌料品质效果较差。固定式与牵引式比较，固定式不但成本低，而且使用方便，使用效果相对较好。

（2）纵向比较，同一养殖户，使用TMR车前后比较，差异比较明显，主要表现在日采食量，日产奶量方面。无论使用固定式或者牵引式，无论牛群规模大小，同一饲养管理条件下，同一牛群比较，应用TMR车后生产性能都表现明显提高。

4 小结

（1）全混合日粮（TMR）技术对奶牛生产性能的提高是明显的，试验表明，小型固定式或者牵引式卧式TMR车在养殖小区是比较适应的，既可节省劳动力，提高效率，提高搅拌效果，而且也有利于提高奶牛对饲料营养的吸收，从而提高奶产量，增加养牛收入。为了提高TMR车的利用率，在小区可以每3~5户购置一台。

（2）通过示范，无论使用固定式或者牵引式TMR车，日平均单产提高5kg左右，每头牛年单产平均提高1 800kg以上，净收入提高4 000元左右。目前，一台6m³小型卧式固定式饲料搅拌车5万余元，一台小型装原料车4万余元，共计不超过10万元，可以供300~500头成年牛使用，300头泌乳牛性能提高后的年净收入可达12万元左右，一年购车，一年见效，值得在奶牛养殖小区推广。

（本文发表于《新疆畜牧业》2018年第7期）

四层笼养与纵向通风工艺在我场养禽业上的试用

我场（注：乌鲁木齐市养禽场）1990年首次改进生产工艺，试验性地引用四层阶梯笼养和纵向通风新工艺，现将生产过程、特点介绍如下。

1 新工艺的特点

1.1 鸡舍特点

全封闭式，人工光照，舍内长60m、宽9.8m、高5m（其中高床1.5m），床面距舍内弓架2.1m，屋顶弓高1.4m，舍内容积2 940m³，屋顶和纵向两侧山墙开有应急窗每10m一个，平时关闭。

1.2 四层阶梯笼养特点

床高1.5m，笼架高1.45m，斜边长160cm，每53cm为一层，斜边与床面角为65°，每笼3~4只鸡，平均每只鸡笼位面积420cm²，全舍笼架排为三列，满位10 800只鸡位，水槽饮水，人工喂料。

1.3 纵向通风特点

舍内后山墙装有三个风机相邻后山墙的纵向山墙两侧各装一个风机，风机排风量为26 000m³/h，五个风机大小一样，鸡舍前端（进门端）山墙开有与风机的风叶直径，风机距地面高低（床高）相应大小的进风窗。

2 新工艺在实际生产中的试用情况

（1）与三阶梯笼养的横向通风工艺车间各项生产指标的对比，见表1。

表1 生产指标对比

产蛋率		死淘率		蛋料比		单产	
四层纵向	三层横向	四层纵向	三层横向	四层纵向	三层横向	四层纵向	三层横向
75.9	80.1	5.2	6.1	2.24	2.4	5.52	5.67

表明：① 各项指标均为产蛋前期4个月的平均值，死淘率和单产为累计数。

②三层横向车间鸡比四层纵向车间鸡早一个月上笼，因此，高峰期比四层纵向车间鸡早来一个月，而在四层纵向车间高峰期正是时令上夏季最热的7—8月，外界持续高温35℃左右。

（2）利润分析：在热应激不计的情况下，三层笼养的横向通风车间，前4个月比新工艺车间单产累计高0.15kg，照此计算，8 100只鸡可多产1 215kg蛋，增加收入5 467元。蛋料比，四层笼养的纵向通风车间比老工艺车间前4个月平均低0.16。新工艺车间10 800只鸡，每只鸡单产5.52kg，总计59 616kg蛋，那么少耗料9 538.56kg，折合人民币8 500余元，如果在其他成本相同情况下，新工艺车间仍比老工艺车间前4个月多创利润3 000余元，按每年每只鸡平均利润8元计算，那么四层笼养车间要多创利润2万余元（多装2 700只鸡）。

3 讨论

（1）四层笼养充分利用了空间，适应高密度饲养的需要，然而由于炎热季节，密度大产热多加上停电、停水、饲料品质的变化以及笼位面积不适应，鸡体对此特别敏感，生产的各项指标明显受到影响。因此，在进一步推广应用时除保证以上客观条件外，建议适当增大每只鸡笼位面积，减小笼架与床面的角度，避免上层笼内鸡粪便拉在下层鸡身上，另外最好改为机械喂料，减小劳动量。

（2）纵向通风的好处，首先避免了相邻鸡舍横向通风时对吹或对吸现象，减少疾病的交叉传播，根据这一特点，从建筑上有利于节约鸡场面积，相邻鸡舍不必距离太远。二是避免了横向通风所引起的鸡舍两端山墙处的气流死角，且风速比横向通风大2倍左右（纵向通风5个风机全转时，舍内风速为0.634m/s，而横向仅0.22m/s）有利于舍内空气的尽快交换及鸡体热量的散发，适应新疆强大陆性气候特点。因为新疆7月、8月最高气温达35℃左右，持续时间较长，不仅如此，舍内风速也均匀，即便到了冬天，由于舍内养鸡密度较高，散热也多，加上暖气舍温是易于保持的，平时几个风机交换使用（每个风机单独转，风速为 0.12m/s），既达到通风的目的，又不至舍温散失过多，也能获得良好的效果，大大降低了设备及电费等成本。

（本文发表于《新疆畜牧业》1992 年第 2 期）

对仿蔬菜暖棚结构羊舍
改造的设计及应用

摘　要： 塑料暖棚在养畜技术中的推广应用，提高了冬季畜舍的温度，减少了死亡，增加了养羊的经济效益。但部分养殖户仿造蔬菜暖棚结构建造牲畜暖棚，其结构不尽合理，采光不够科学，保温效果不好，塑料膜上雾水滴在羊身上和舍内地面。造成舍内地面泥泞不堪，空气湿度大，有害气体明显增加，影响了养羊生产和管理。通过对蔬菜暖棚式羊舍内增设活动黑塑料膜的方法进行改造，充分利用了光热资源，提高了冬季羊舍内温度，改善了羊舍内的生产条件，减少了羔羊的死亡，增加了经济效益。

关键词： 塑料暖棚结构；设计；应用

1　改造的依据、目的、意义

1.1　改造的依据

根据本地区大部分羊舍都是采用蔬菜大棚结构，其结构不尽合理，给养羊生产造成不必要的损失。对这类羊舍进行改造的原有想法，受温室大棚双膜的应用和辽宁省朝阳种羊场羊舍南墙增温设施的启发而提出改造设计方案。

1.2　改造的目的、意义

通过改造达到增温，提高保温能力和减湿的效果，探索对蔬菜暖棚羊舍结构的改造和对一般羊舍增温做法经验，以更好地发挥塑料暖棚在养羊中的作用。

2　改造方案（图1、图2）

根据蔬菜大棚结构羊舍跨度大，屋脊高的特点，在羊舍内加一层上端固

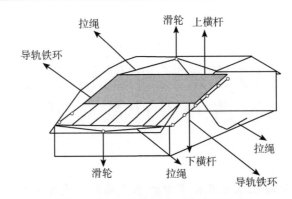

图 1 羊舍改造示意图（黑膜收起状）

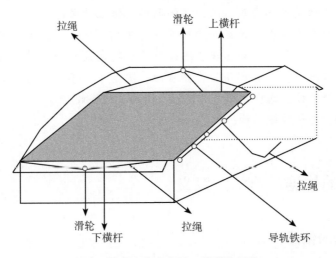

图 2 羊舍改造示意图（黑膜伸展状）

定、下端游离、可上下伸展的黑膜。

3 具体做法

3.1 材料

防冻黑塑料膜、8 号铁丝、铁环（钥匙扣环）、绳子、滑轮、PVC 管。

3.2 准备

3.2.1 索道。在屋脊与前墙之间规划架设若干索道。

3.2.2 导轨。在黑塑料膜腹面（向舍内一面）相应于穿铁环导轨的索道热和铁环形成导轨。

3.2.3 滑轮。在屋脊和前墙中间规划安置滑轮。

3.2.4 拉绳。在黑塑料膜下端横杆两端和中间扣上拉绳。

3.3 组装

3.3.1 铺膜。将计划穿导轨的索道穿入黑塑料膜相应的导轨。

3.3.2 固定。将黑塑料膜上端横杆固定,下端横杆游离。

3.3.3 安装拉绳。将下端横杆和中间一根拉绳穿入屋脊的滑轮,而中间另一根拉绳穿入前墙上的滑轮。

3.4 关键技术

3.4.1 索道拉直拉平,穿导轨的索道与黑塑料膜导轨相对应。

3.4.2 不收起的黑塑料膜平面与地面夹角度为 $\Phi-\delta$ (Φ 为当地的地理纬度,δ 值应为大寒赤纬,$\delta=-20°14'$)。

3.4.3 拉绳的力作用于横杆上。

3.4.4 热和铁环时最好用一条长黑膜来热和,保护导轨防黑膜不因摩擦而破损。

3.4.5 黑塑料膜幅宽可根据暖棚的大小决定,四周不需遮挡。

4 使用

4.1 伸展黑塑料膜

　　傍晚,太阳光不能照射到棚膜时,将黑塑料膜伸展开;早晨,待太阳照射全部棚膜时,将黑塑料膜收起,并保留一段不能收起的黑膜,让太阳照射增温。

4.2 作用机理

4.2.1 作用。使用黑塑料膜的效果是增温、保温、防地湿、降低湿度,防止热量的损失,还有人为控光的作用,有利于母羊发情调控技术的实施和效果的提高。

4.2.2 机理。

4.2.2.1 增热。太阳照射到不能收起的塑料黑膜部位,能吸收太阳光产生较高的温度,通过对流从而提高舍内温度。

4.2.2.2 保温。晚间塑料黑膜伸展后，与棚膜形成一个保温层，减缓舍内外冷热空气直接交换的速度，能更好地保温。

4.2.2.3 防地湿。一般晚间棚膜易结水，结水较多，此时塑料黑膜展开，结水滴在黑膜上，被集中流到靠南墙边的地面，使大部分地面处于干燥状态。

4.2.2.4 降低舍内空气湿度，减少热量损失。改造后不会因舍内大面积湿地水分和羊身体淋的水被蒸发，而损失热量，增加空气湿度，而且氨气的浓度也因此降低。

4.2.2.5 控光。伸展塑料黑膜，可以人为控制光照，有利于母羊发情调控技术的实施和效果的提高。

5 效果测定

5.1 温度

选择两栋暖圈，一栋为改造的棚圈，另一栋维持原状。时间选择在 2005 年 1 月 20 日—2 月 30 日最寒冷的季节，对暖棚内温度、羊舍地面及空气质量、羔羊生长发育及成活等进行效果测定。经测定，改造前后的暖圈早晨分别为-3℃和 3℃，提高了 6℃；中午分别为 10℃和 15℃，提高了 5℃；下午分别为 4℃和 8℃，提高了 4℃。说明塑料黑膜通过吸收太阳光起到了增温的作用。

5.2 羊舍地面及空气质量

未改造的暖圈羊舍内似下着蒙蒙细雨，地面泥泞不堪，空气湿度很大，舍内弥漫着很强的刺鼻氨气味。改造后的暖圈羊舍内阳光明媚，地面干燥无泥泞不堪现象，空气湿度适中，有害气体明显减少，无刺鼻氨气味，羊舍内的环境明显改善。

5.3 羔羊生长发育及成活率

未改造的暖圈中的羊身上整天湿漉漉的，羔羊生长发育缓慢，而且羔羊死亡增多。据统计未改造的暖圈内共产羔羊 62 只，死亡 27 只，死亡率达到 44%。改造后的暖圈中的羊被毛光滑，身上无湿漉漉现象，羔羊生长发育正常，没有因暖圈设计不合理而造成羔羊死亡。据统计改造后的暖圈内共产羔羊 76 只，因难产死亡 2 只外，其余羔羊全部成活，成活率达到 97%。说明改造后的暖圈能显著地促进羔羊的生长发育，提高羔羊的成活率。

　　总之，通过对蔬菜塑料暖棚羊舍结构的改造，改善了人的工作环境和牲畜的生存环境，提高了冬季羊舍内的温度，减少了羔羊的死亡，有利于养羊生产水平的提高。而且此项改造有着技术投资少、见效快、易推广的优点，深受养殖户的欢迎，是一项值得大力推广的技术。

　　　　　　　　　　　　　　　（本文发表于《中国草食动物》2007 年第 1 期）

第三部分　疫病防治

家禽疾病的临诊诊断技术

家禽疾病的诊断包括临诊诊断和实验室诊断。日前，随着城郊、农区规模化养禽业的兴起，造成家禽疾病的诊断相对远离高科技集中的城市实验室。但由于高密度饲养家禽，能结合发病特点及时把握治疗时机，家禽疾病的临诊意义增大，为此重视家禽疾病的临诊诊断很重要。

家禽疾病的临诊诊断与其他牲畜一样，也应充分了解病史，结合症状及剖检变化，综合分析。其基本方法也是问、视、触、叩、听、嗅六诊，现就家禽临诊诊断的常规方法和步骤，结合临诊六诊分别叙述。

1 充分了解病史

详细询问户主：禽群发病的时间、发病时的表现、禽群生长情况、产蛋变化；每日死亡情况、采食量和饮水量的变化；舍内温度、光照、通风有无异常变化，以及是否有惊吓等应激；周围养禽户禽群情况，消毒安全措施等。特别应问清楚饲料来源，饲料卫生及营养情况，禽群免疫情况。

2 精神状态的观察

包括群体观察与个体观察。群体观察主要看整群禽的精神面貌，鸣声，采食速度，兴奋程度，散养禽群集中程度，种公禽的性行为等。个体观察主要是观察病禽的体态、精神、行动、鸣声等有无异常，目光是否呆滞无神。病禽往往表现为精神萎靡，独自离群，有时发出异样啼声或怪鸣声，营养及发育不良。患有慢性疾病、寄生虫病等病禽的全身衰弱，不良精神状态更加明显。另外，鸡白痢、大肠杆菌病发生时，病鸡也可能出现嗜眠。病鸡先兴奋、后昏迷可能是某些药物中毒。在发生腹膜炎或卡他性肠炎时，由于病禽腹压增大，外观病禽不安或呈疼痛等病态表现。

3 皮肤、羽毛检查

拨开病禽的羽毛，观察皮肤的颜色，有无损伤、皮下出血、气肿等，检查时应以手触摸胸部皮肤温度是否正常。检查羽毛，观察是否平整、光滑、有无粗乱、蓬松、脱落现象。若皮肤发绀，多见于禽霍乱、亚硝酸盐中毒等；皮下青绿色水肿，多见于微量元素硒和维生素 E 缺乏以及食盐中毒等，有时在水肿周围皮下有点状或斑纹状出血；皮下气肿多见于气囊破裂等；皮肤干燥皱缩是脱水的表现；皮下出血见于出血性疾病，维生素 K 缺乏和局部损伤；胸部皮肤静脉充血明显时是痛风或肾炎等的病状。另外，泛酸缺乏则羽毛生长迟缓、粗糙。缺铁则羽毛粗乱，易于脱落；慢性呼吸道病、传染性鼻炎、传染性喉气管炎等病为颈部羽毛被黏液粘着、脏乱、发臭等；日粮中缺乏氨基酸或有外寄生虫寄生时，特别表现为产蛋鸡颈、背、腹等部位羽毛脱落甚至光秃；饲料中缺乏氨基酸、维生素及锌等时，在生长的换羽期或产蛋高峰期出现啄羽现象；断羽是缺锌或饲料中钙多或酸度大时影响锌的吸收，有时出现翼羽和尾羽全无现象。

4 头、颈、胸检查

头、颈检查主要包括面部、眼睛、冠、髯、嘴以及颈部等，如出现吞咽或摇头动作常见于新城疫，面部水肿多见于传染性鼻炎、禽流感等，头颈角弓反张是黄曲霉毒素等中毒表现，其他中毒时也可出现头颈肌肉麻痹、头颈伸直、软弱无力。眼睛失明见于角膜炎、马立克氏病、禽脑脊髓炎。口流涎、眼流泪、共济失调、抽搐、震颤等见于有机磷农药中毒。眼部损伤，流泪，可能舍内氨气过重或福尔马林浓度太大。维生素 A 缺乏时，除喙和小腿部皮肤黄色素消失外，眼流泪、角膜干燥，大鸡表现眼肿胀，有灰白色干酪样渗出物，上下眼睑粘着，甚至失明。冠、髯正常为鲜红色，病态时发绀，贫血、肠道寄生虫病时颜色变淡、苍白等。禽痘特异性病变为头部有黄棕色痘痂，但冬季则常可能是冻伤。

胸部检查主要是胸骨的弯曲度、胸部皮下有无水疱等，快大型肉鸡常出现胸部损伤。由于饲料配合不当，钙、磷等矿物质及维生素 D 含量不足是造成胸骨弯曲变位的主要原因。

5 腿、脚检查

检查腿脚是否肿大、畸形、跛行，趾是否弯曲、有无损伤、肿瘤等。关节痛风可引起脚趾和脚关节肿胀，歪趾时趾向一侧弯曲，患趾蜷曲麻痹时，趾向下弯曲；维生素 B 缺乏时趾向内弯曲，膝关节着地；饲料中钙、磷不当或维生素 D 缺乏引起的佝偻病，表现为骨骼柔软、肿大、喙变软；骨短粗症表现为膝关节粗大等，是饲料中缺锰的表现；足掌肿胀化脓多见于葡萄球菌感染所致。

6 消化系统检查

检查口腔、舌、咽、嗉囊、腹腔脏器等变化是否异常。食欲异常表现为断饲或限饲等长期饥饿或嗉囊阻塞出现的暴食、饲料发霉变质或患有疾病时表现的食欲减少或不食。外界气温升高、发生热性疾病、腹泻、饲料中食盐、镁、钾含量高，以及限水等时出现暴饮或饮欲增加。

典型的白喉型禽痘表现为口腔和咽部黏膜上出现黄白色结节或被一层黄白色干酪样物覆盖。

触摸嗉囊，判定其内容物状态。硬嗉病使嗉囊膨大坚硬，内充满未消化谷物，或各种异物，引起嗉囊下垂，使嗉囊悬垂，常常使采食到的食物、饮水积于嗉囊内，触之，要么坚硬要么松软。软嗉是因采食腐败饲料引起，触摸嗉囊柔软有波动感，倒提病禽可从口中流出大量稀薄发酸、发臭液体。

腹部膨大、柔软有波动感是腹水表现，常见于慢性腹膜炎、大肠杆菌病、腹水综合征。

家禽腹泻是一种常发症状，其性状对临诊诊断常有帮助，如排绿色恶臭稀粪，见于新城疫、鸡传染性法氏囊病（或白色水样）、禽霍乱（或绿色）等；雏鸡白痢病排白色、糊状稀粪；粪中带血或完全血粪见于球虫病、出血性疾病或急性严重盲肠肝炎。腹泻一般造成肛门周围羽毛被粪便污染，形成痂块。

7 呼吸器官检查

检查鼻孔有无鼻液流出，鼻液是否有异味，一般受凉和传染性鼻炎发生时常流鼻液；发生传染性支气管炎时，有鼻液、咳嗽、气管啰音等；禽流感时咳嗽、打喷嚏、呼吸啰音；呼吸显著困难，而且头颈上伸，甚至张口呼吸、喘气、流鼻液、呼吸湿性啰音等是新城疫、传染性喉气管炎及霉浆体等病症状；鸡痘则表观张口呼吸，并发出"嘎嘎"声；中暑时表现张口喘气，呼吸迫促，两翅张开。

8 神经系统检查

主要是观察病禽战栗、震颤、痉挛、麻痹、共济失调等症状。临床诊断有意义的是中毒性疾病多出现昏睡、惊厥、昏迷等；禽脑脊髓炎以共济失调、震颤为主要表现；慢性新城疫，神经症状比较突出，如阵发性痉挛、震颤，头颈扭曲向一侧或后方，有的腿翅麻痹、步态不稳或转圈或向后倒退；鸡马立克氏病，腿翅麻痹，站立不稳，一脚向前，另一脚向后伸，甚至瘫痪。维生素 B_1 缺乏时也表现神经症状。

总之，从临诊角度上要准确诊断出家禽疾病，除了系统检查、综合分析外，还要在实际诊断过程中不断总结、积累临诊经验，以做出快速准确的诊断。

（本文发表于《养禽与禽病防治》1998 年第 12 期）

种鸡蛋在孵化过程中引起胚胎死亡原因的调查

种鸡蛋在孵化过程中引起胚胎死亡的原因较多，情况复杂。自 1998 年 10 月 16 日，乌鲁木齐市某规模化孵化厂连续有 4 批种蛋入孵后死胚率明显升高。为此我们对其致死原因进行了全面调查，并采取对应措施，取得良好防治效果。

1　基本发病情况

乌鲁木齐市某家规模化孵化厂，每 7 天入孵一批肉种鸡蛋，每批入孵量为 16 800 枚，自 1998 年 10 月 16 日起，突然连续 4 批种蛋在孵化期死胚率增高（表 1）。

表 1　入孵种蛋孵化情况

入孵时间	入孵量（枚）	8 天头照受精率（%）	8 天头照死精率（%）	18 天死胚率（%）	入孵蛋出雏率（%）	健雏率（%）
10 月 2 日	16 800	88.4	3.1	4.0	81.3	97.0
10 月 9 日	16 800	88.6	6.3	13.0	69.3	89.1
10 月 16 日	16 800	89.1	15.0	36.0	38.1	63.0
10 月 23 日	16 800	88.5	14.0	40.0	34.5	62.0
10 月 30 日	16 800	90.0	17.8	38.0	34.2	54.0
11 月 6 日	16 800	87.8	19.0	37.5	31.3	57.0

从表中可以看出，自 1998 年 10 月 16 日，4 批种蛋的 8 天头照死精率和 18 天死胚率均居高不下，严重影响了出雏率和健雏率。

2 病因调查

2.1 种鸡群营养状况

对种鸡饲料营养成分进行全面化验检测。结果是所测得的饲料营养指数均符合配方要求，饲料配制过程中维生素、矿物质添加剂剂量也与要求一致，原料厂家及批号也与发生高死胚率之前相同；另外，为了预防应激，饲养员在饲喂时还添加了一定量的鱼肝油、维生素 AD_3 粉等。

2.2 孵化情况

对所有孵化器性能进行检测，温湿度表读数灵敏，符合要求，自动翻蛋，机内换风良好，在孵化过程中也无断电现象，一切孵化记录均正常。

2.3 种鸡健康状况

在发生高死胚率的前 1 个月以来，种鸡群健康状况良好，未发生过任何传染病，鸡群月死淘率仅为 1.1%，且沙门氏菌、霉形体感染率在正常标准之下，种公鸡精子活力测定正常，种鸡群周龄为第 53 周。

2.4 种蛋保管情况

入孵种蛋均为 7 日之内生产种蛋，蛋库温度 11℃，相对湿度偏大，种蛋壳表面潮湿，蛋库屋顶因潮湿而滴水，墙壁上附着霉斑。

2.5 孵化厅环境

温度为 11℃，偏低；湿度 85%，偏高。同样屋顶因潮湿滴水，墙壁有霉斑，厅内封闭不严有寒气进入，通风换气不好，有霉味。

2.6 肉眼检查死精蛋、死胚

死精蛋蛋壳颜色变暗，打开壳，壳内膜有灰色斑点，18 天死胚可见水肿、出血等病变。

2.7 种蛋污染情况

分别取熏蒸前后种蛋、蛋库种蛋、死精蛋以及 18 天死胚蛋各 10 枚，分别于蛋壳表面及内容物、死胚尿囊液中取样，接种于特异性培养基上 48h 恒温培养，结果见表 2 。

表 2　48h 恒温培养结果

样品	采样部位	采样个数（个）	菌落数（个）		
			麦康凯培养基	S-S培养基	沙博氏培养基
熏蒸前种蛋	蛋壳表面	10	1	—	—
	蛋内容物	10	—	—	—
熏蒸后种蛋	蛋壳表面	10	—	—	—
	蛋内容物	10	—	—	—
蛋库种蛋	蛋壳表面	10	—	—	4
	蛋内容物	10	—	—	1
头照死精蛋	蛋内容物	10	—	—	8
18天死胚蛋	尿囊液	10	—	—	9

注：蛋库种蛋采样上下相叠10盘，每盘种蛋取2枚（表中数字为各种培养基上生长的菌落数）。

2.8　孵化环境采样

分别于孵化机内蛋架、机内壁、孵化厅墙壁、厅内地面、厅内空气等取样，接种于沙博氏培养基上 24h 恒温培养，结果发现有大量霉菌菌落生长。

3　调查结果分析

从以上检测调查结果看，引起此次死胚率明显升高的主要原因是：该年度北方霜冻提前，气温突然下降，孵化厅内供暖不及时，寒气通过不密封的窗户和换气孔进入孵化厅、蛋库内，由于内外温差偏大，致使屋顶、墙壁形成水珠，加上厅内长期不消毒，从而使霉菌大量繁殖，污染种蛋，并通过蛋壳侵害胚胎，造成孵化期胚胎大量死亡。

4　防治措施

（1）立刻供暖，封闭好厅内门窗，保持厅内温度在 20℃ 。

（2）对厅内、蛋库进行严格的卫生消毒：首先，用常规消毒药液对厅内屋顶、墙壁、地面、孵化机内、外壳等彻底冲洗消毒；其次，对机内角、蛋架用消毒布仔细擦洗；最后，按每立方米 14mL 福尔马林和 7g 高锰酸钾对孵化厅、蛋库 48h 熏蒸，熏蒸时敞开孵化机门。

（3）及时收集种蛋，熏蒸消毒：用 14mL／m³ 福尔马林和 7g／m³ 高锰酸钾对种蛋熏蒸 30min。熏蒸后的种蛋尽快交种蛋库保存。

（4）加强种蛋库的环境卫生管理和消毒：库内温度保持在 13～18℃；相对湿度 65%～75%，熏蒸消毒 1 次／天。

（5）加强孵化机内消毒：种蛋一经入孵，立即熏蒸消毒 20min，如有必要在照蛋和落盘后各重复一次。

5 结论与分析

（1）通过采取对应措施，加强种蛋保管和消毒工作，停孵 20d 恢复孵化后，孵化率不仅回升，而且较以前有很大提高。

（2）本次调查对霉菌毒素造成的直接危害未做进一步检测研究。

（3）从霉菌造成的死胚情况看，在整个孵化期中，头照 1～8d 即孵化前期致死率平均为 16.45%，而在后期 9～18d 平均死胚率达 37.27%。另外，对出壳后雏鸡进行饲养跟踪观察，发现 1～4 周死亡率也较高，达 14.3%，可见霉菌造成的危害很大，可影响到雏鸡的生长发育。

（4）霉菌一般在孵化厂都普遍存在，在温暖、潮湿、富氧的环境中可大量繁殖，这种条件下的孵化厅和种蛋库是霉菌繁殖的较理想环境。乌鲁木齐市地处西北边陲，冬季气候较干燥、寒冷，对此应引起足够重视，注意解决好供暖和通风换气的矛盾，搞好卫生消毒工作。

（5）孵化厂应有自己长期、固定的种蛋源，以减少种蛋的霉菌污染。

（本文发表于《当代畜牧》2000 年第 1 期）

肉仔鸡新城疫的防制

在众多的鸡病中，新城疫（ND）仍然是危害肉仔鸡生长的主要烈性传染病。本文就肉仔鸡 ND 的发生与防制谈谈自己的体会，以供广大饲养户参考。

1 肉仔鸡发生新城疫的特点

以非典型性 ND 为主，也有呈地区性典型性暴发。如 1997 年入秋以后，新疆地区由于气候反常，温和性气温的持续，从北向南相继发生以 ND 为主的流行病，个别地区和场的病鸡症状典型，死亡率高，造成很大的经济损失。多数地区由于防疫意识不强，环境卫生不彻底，疫苗选用、免疫方法、免疫程序、免疫监测欠缺以及相关疾病的继发，致使非典型性 ND 的不定期散发。肉仔鸡发生非典型性 ND 的症状突出表现为：鸡只精神欠佳、食欲不振，"打呼噜"，死亡率虽不十分高，但生长速度明显减慢。在 28~35 日龄发病为多见。若并发其他疾病，死亡率即明显增高。

肉仔鸡发生非典型性 ND 后，由于增重变慢，出栏时间相对延长（多为 5~8d），辅助治疗药物投入及死淘率增加。每只鸡成本相应提高 5%~15%。因此，对肉鸡的非典型 ND，必须采取有效的防制措施。

2 肉仔鸡 ND 的防制

2.1 加强消毒力度

包括鸡舍内外消毒。在饲养户中，消毒的彻底性和科学性尚未很好掌握。由于肉仔鸡饲养密度大、周转快等特点，要求肉仔鸡消毒要快、要彻底，有条件的一定要按四步规程消毒：即当最后一只鸡出栏后立即清粪打扫→高压水泵冲洗→碱性或酸性消毒液喷洒→福尔马林熏蒸。并在进雏前二次熏蒸。

2.2 加强饲料饮水的卫生管理

营养要全面，禁止使用污染饲料；防止水源中大肠杆菌、沙门氏菌、霉菌和其他杂菌污染。

2.3　防止其他疾病继发 ND

特别是鸡传染性法氏囊病（IBD）、大肠杆菌病、霉形体病等。IBD 可降低鸡新城疫（ND）免疫应答，从而诱发 ND 发生，其他疾病可造成鸡群体质下降，引起 ND 散发或流行。在肉仔鸡非典型性 ND 中，由于其他疾病诱发 ND 的一般占一半以上。

2.4　建立区域防疫体系

同一区域使用同一防疫制度、同等毒力、同一厂家疫苗、苗鸡和饲料，来源最好相同。

2.5　制订科学的地区性免疫程序

这种程序一经确定，不应随意更改。在确定免疫程序过程中，处理好 ND 母源抗体对疫苗的干扰作用，注意 ND HI 抗体滴度的变化。根据笔者的经验，在强毒污染地区或鸡场，母抗的衰减变化较大，且规律性不强，因此不能根据常规的母抗半衰期确定免疫日龄。首免日龄和复免时间的确定要根据鸡场的净化情况以及所用疫苗对母抗的干扰情况而定。首免可提前到 1~2d。卫生环境较好的地区也可 3~7d，但最迟不可超过 10d，首免可选毒力弱的 ND 苗和油苗半量免疫，也可选用 ND Clone30，二免时间一般与首免时间相距 15d 左右，需要强调的是母抗水平的高低只能作为免疫参考。

2.6　选好疫苗

质量好的雏鸡用质量好的疫苗。其次，保管疫苗时不要反复冻融。

2.7　用好疫苗

注射过鸡马立克氏病（MD）苗和药物的部位接种 ND 油苗，应相隔 3~5d。活苗免疫时多用滴鼻和滴眼法，若选用饮水法，一般要超剂量 0.2 倍，且水中要加保护剂。水质、饮水器数量和卫生、饮水时间等都要符合要求。

2.8　处理好 ND 与 IBD 的免疫次序

如果早期（25d 以前）用 IBD 中强苗免疫或发生 IBD 病，会因法氏囊的损伤使 ND 首免失败，这是 28~35 日龄肉仔鸡无 ND 抗体保护的主要原因。据一些资料报道，这种损伤至少要 2 周后才能恢复。因此，处理好 ND 与 IBD 免疫的时间先后很重要。

要使早期 IBD 免疫不造成 ND 的免疫应答抑制，选择好 IBD 的疫苗类型和免疫日龄是关键。如果当地的 IBD 危害比 ND 大，也就是环境中存在 IBD 野毒，则 IBD 免疫可先于 ND。若选用 IBD 中强毒苗（如 228E 等），那么 ND 与 IBD 的免疫间隔最少 15d，从而保证 ND 免疫抗体的建立。在 IBD 控制较好的地区，应选用 IBD 弱毒苗，由于弱毒苗对法氏囊器官损伤较小，损伤后恢复也快，而在 ND 首免后 5~7d 即可进行 IBD 免疫。

（本文发表于《中国家禽》1998 年第 7 期）

蛋鸡传染性鼻炎的防制

某鸡场饲养有同一品种的五个产蛋鸡群先后发生了传染性鼻炎，在整个发病期和恢复期，实际产蛋量比计划产蛋量减少了 36.3t，直接经济损失达 14.5 万元。现将有关情况报道如下。

病鸡呼吸困难，咳嗽，打喷嚏，鼻流黏液，个别鸡单侧面部肿大，冠肿胀。剖检可见，鼻腔和眶下窦有炎症，有的有黏性分泌物。经当地兽医防疫总站实验室检验确诊为传染性鼻炎。

确诊后采取了下列防制措施：

（1）用硫酸庆大霉素喷雾。首次 1 万 U/只，以后改为 8 000U/只，1 次/天，直到好转。病重者每日肌注一次，每只 2 万 U。

（2）在饲料中添加鱼肝油和多种维生素，以提高机体抵抗力。

（3）加强卫生消毒工作，对发病鸡群隔离、封锁。

（编注：日本第一制药株式会社研制的泰灭净对鸡传染性鼻炎的防治有良好效果，其在中国的联合生产厂是广州白云山兽药厂）

（本文发表于《养禽与禽病防治》1991 年第 4 期）

禽流感的防制

对于禽流感目前尚无有效的特异性治疗方法，所有治疗只是支持性的，目的是减轻呼吸道症状，应用抗生素治疗是为了减轻霉形体和细菌的并发感染。预防和控制流感病毒感染的中心是预防病毒最初传入和控制病毒传播，达到预防和控制目标的关键是教育养禽者了解病毒是怎样传入和传播途径，以及如何预防这类事件的发生。建议采取以下措施：

（1）加强饲养管理，提高易感禽自身免疫力和抗病力。要保证家禽在各个不同时期饲料的营养全面、稳定及品质优良，以促进其正常机体生长、生产的需要。需保证使用有利于生长、生产的最适环境，减少平时各种不利应激。加强兽医预防工作，使其经常保持良好的生理健康状况。搞好环境卫生，减少霉形体、衣原体和其他细菌感染。

（2）做好检测。定期对各场各鸡群进行 HI 试验，特别是对于易感鸡场、鸡群，要提高血清抽检的次数及数量，对于平时有类似症状的鸡群，要以最快的速度及时、最准确确诊，以利于采取果断措施，保证其他易感群免受感染。在血清学诊断中，采取急性期和康复期血清很重要，急性期血清样品应在发病后尽快从病禽采取，而康复期血清应在发病后 14~28d 采取。在检测中要注意的是：许多禽种的血清中含有非特异性抑制物质，它们能影响 HI 和其他试验的特异性，在做血清学检测前必须对这些抑制物质进行处理。同时，在确诊时除病毒学鉴别外还要注意与新城疫和其他副黏病毒、衣原体、霉形体和其他细菌感染的鉴别。

（3）严格封锁隔离。当确诊流感发生后，要严格划分疫区，及时封锁隔离。切断感染循环，防止进一步扩散、蔓延，把疫区封锁，以牺牲局部，保存整体，保证"生物安全"。对于小范围发生，如一个鸡场等严密封闭，禁止任何车辆、人员出入疫区或发病鸡场，直到解除封锁或封闭为止。特别应注意绝对禁止从疫区或易感群引进种蛋、鸡苗、其他禽类和市场禽产品。

（4）扑灭疫源。当确诊后要以最快最彻底的速度根除传染源，根据感染致病情况，采取扑杀或焚烧。虽然存在一定经济损失，但要知道如不实施扑灭计划，该病的潜在代价要高出许多倍，可能由此而引起的流行是多地区乃至全国、全球性感染和发病。这样一来损失确实无法估计。在进行扑灭计划时不可忽视对落入疫区的野鸟和封闭区内昆虫、老鼠的扑灭。

（5）搞好疫区、易感区的消毒、净化工作。对于疫区除对病禽等焚烧处理外，对于其排出的粪便、被污染的用具、场地、禽舍、饲料、水、物资、笼具、衣物、车辆等严格消毒。由于禽流感病毒对热和消毒药物的敏感性，可用火焰、高温发酵（粪便）喷洒熏蒸，对于易感区除搞好内部消毒、净化外，最好场区与鸡群带鸡消毒同时进行，禁止外来人员、车辆不经严格消毒进入鸡场，经常在鸡场开展灭鼠、灭野鸟和灭昆虫工作。

（本文发表于《中国家禽》1995 年第 4 期）

禽流感-新城疫重组二联活疫苗应用效果观察

本文通过对禽流感-新城疫重组二联活疫苗（rL-H5 株）使用后免疫抗体效价的跟踪监测，就禽流感-新城疫重组二联活疫苗（rL-H5 株）在本地区的应用情况及所产生的不同效果进行表述，供参考。

1 免疫与监测

1.1 使用疫苗

禽流感-新城疫重组二联活疫苗（rL-H5 株）为哈尔滨维科生物技术开发公司生产，批号为 200551，并严格按照二联疫苗的使用说明免疫。

1.2 免疫对象

75d 左右出栏的黄羽肉鸡、麻羽肉鸡和 45d 出栏的白羽肉鸡。首免日龄为 7~20 日龄不等，免疫批次共计 11 批，免疫数量为 1.355 万只，二免日龄为 28~35 日龄，免疫 4 批次，免疫数量 4 100 只。

1.3 免疫方法

首免除 G 批次 2 000 只黄羽肉鸡采用饮水免疫外，其余均为滴鼻、点眼、肌内注射。二免有肌内注射、饮水、滴鼻和点眼。

1.4 检测时间

首免后 7~50d，二免后 13~22d。

1.5 检测材料

禽流感病毒 H5 亚型 H1 抗原、H1 血清、禽流感阳性血清等诊断试剂（中国农业科学院哈尔滨兽医研究所，批号 2005061104），健康的未免疫禽流感、新城疫公鸡 1% 红细胞悬液，被检血清共计 203 份，分别来自不同日龄的黄羽肉鸡、麻羽肉鸡和白羽肉鸡 15 批。

1.6 检测方法

禽流感免疫抗体效价检测根据 GB/T 18936—2003《高致病性禽流感诊断技术》血凝（HA）和血凝抑制（HI）试验监测。新城疫免疫抗体效价检测根据 GB/T 16550—1996 新城疫血凝和血凝抑制试验监测。

2 重组二联活疫苗免疫抗体表现

利用血凝（HA）和血凝抑制（HI）试验，分别对首免和二免后不同批次、不同品种、不同日龄、不同免疫程序鸡 AI 抗体和 ND 抗体效价进行检测，其结果可见：黄羽肉鸡共检测血样 99 份，首免日龄 7～18d，免疫后相隔 7～50d 检测，禽流感平均免疫保护率为 42%，新城疫平均免疫保护率为 62%。麻羽肉鸡共检测血样 40 份，首免日龄 7～34d，免疫后相隔 12～23d 监测，禽流感平均免疫保护率为 5%，新城疫平均免疫保护率为 20%。白羽肉鸡共检测血样 15 份，首免日龄 14d，免疫后相隔 20d 监测，禽流感平均免疫保护率为 40%，新城疫平均免疫保护率为 0。禽流感抗体保护率大于 70% 的有 3 批黄羽肉鸡，新城疫抗体保护率大于 70% 的有 3 批黄羽肉鸡、1 批麻羽肉鸡，同一批鸡 AI 抗体与 ND 抗体上升不同步，首免后同一批鸡不同日龄检测抗体效价（A 和 B 批次），禽流感抗体效价呈下降趋势，而新城疫抗体效价呈上升趋势，二免后可达 100% 保护率。

二免后，A 批次黄羽肉鸡 ND 抗体平均保护率由 100% 下降为 0；F 批次黄羽肉鸡 AI 抗体保护率下降 7 个百分点，ND 抗体上升 52 个百分点。H、L 批次麻羽肉鸡二免后 AI 抗体保护率为 0，ND 抗体保护率分别为 100% 和 70%。

3 分析与讨论

（1）75 日龄出栏黄羽肉鸡或麻羽肉鸡首免和二免使用禽流感-新城疫二联活疫苗，抗体普遍达不到理想值，特别是 AI 抗体保护率较低，如遇强毒攻击，禽群存在潜在的感染和发生 AI 的危险。新城疫抗体上升虽比 AI 快，但是 ND 保护率判定（$\geqslant 2^5$）比 AI（$\geqslant 2^3$）抗体滴度高。同一批鸡同时免疫二联疫苗无论采用滴鼻、点眼、饮水或肌内注射，ND 抗体效价普遍表现比 AI 好，说明本地区的肉鸡在使用禽流感-新城疫二联活疫苗免疫过程中，AI 免疫效果不如 ND，原因可能与母源抗体的干扰、机体免疫器官的应答能力、疫苗的免疫原性（AI、ND 两种联合抗原刺激机体产生抗体的量不同）等有关。

（2）通过对三黄鸡 1 日龄母源抗体监测，AI 抗体滴度 1：8 以上 89%，ND 抗体滴度 1：32 以上 100%，说明应用二联活疫苗以前的三黄鸡母源抗体水平均较高，而使用疫苗免疫后，抗体滴度普遍迅速下降，AI 抗体滴度甚至降为 0，说明母源抗体对禽流感-新城疫二联苗的干扰较大，尤其是母源抗体对 AI 免疫抗体干扰最大。因此，避免母源抗体的干扰，在母源抗体降至适当滴度时进行首免，有利于二联活疫苗的应用效果。

（3）免疫器官不成熟或存在机体免疫器官对疫苗中 AIV、NDV 病毒的选择性，可能对二联疫苗的使用效果有影响。二联活疫苗要求免疫方法，免疫剂量要准确，免疫前后 2 周禁止 ND 疫苗，5~7d 内禁用 IB 或 IBD 等活疫苗。虽然 NDV 作为活病毒的载体，但是同批禽群同时使用二联苗，AIV 与 NDV 刺激机体产生免疫应答后产生的抗体滴度不同，是机体免疫器官对 AIV、NDV 的刺激有选择性或是二联苗研制中的技术问题，有待讨论。

（4）滴鼻、点眼、饮水免疫禽流感-新城疫二联活疫苗，使用方法方便并通过局部黏膜免疫，诱导全身性体液免疫和细胞免疫的形成，有利于预防 AIV、NDV 通过呼吸道的感染，而且联苗的使用减少单苗使用时的重复应激和劳动。但由于联苗使用技术的局限性，不利于传染性支气管炎、法氏囊病、新城疫等重污染地区疫病的综合防治，特别是首免时，禁止其他活疫苗的使用，使养殖户在使用禽流感-新城疫二联活疫苗程序方面产生矛盾。因此，根据不同地区、不同疫病的污染环境科学制订鸡的免疫程序是完全必要的。

（本文发表于《中国兽医杂志》2007 年第 6 期）

天山牦牛5种呼吸道病血清学检测报告

采用酶联免疫吸附试验对新疆天山牦牛传染性鼻气管炎病毒（IBRV）、牛呼吸道牛病毒性腹泻-黏膜病毒（BVDV）5种呼吸道疾病毒非免疫抗体进行检测，结果表明，抗体阳性率分别平均为：IBRV 62.5%，BRSV 8%，BPIV3 85%，牛支原体20%，BVDV 67.5%。5种病混合感染率达到75%。

新疆牦牛生活在海拔3 000m左右的天山深处，远离人群，气候环境和生存条件相对恶劣，经过近半个多世纪的繁衍，已经逐步适应当地气候环境，并成为新疆的独有畜种。近年来，由于受多种疾病的侵害，牦牛呼吸道、消化道等疾病的发病率增高，给牦牛健康带来危害。牛传染性鼻气管炎（IBR）、牛呼吸道合胞体（BRS）、牛副流感（BPI）、牛支原体是牛较为常见的呼吸道疾病，牛病毒性腹泻-黏膜病（BVD）也是发生于牛的一种病毒性疾病，为了了解山区牦牛这5种疫病的感染和流行状况，有效预防疾病的传播，笔者分别于2011年、2013年两次对牦牛进行血清学检测。

1 材料与方法

1.1 材料

2011年，从混合血样中随机抽取1~14岁龄买牛血液样品15份，用比利时Bio-x诊断中心生产的Bio-x呼吸道病原体五联检测试剂盒（BIOK184）进行检测，实际批号为：IBRPM10L21。2013年，从5个不同的牦牛群中随机采1~5岁龄血液样品各5份，共35份用LSIVET公司的检测试剂盒进行检测，试剂批号分别为：IBR：5-IBRs-00510-2013，BVD：1-BVDV1-015 03-2014，BRS：2-BRSV-003 09-2013，BPI：2-BPIV-005 05-2014支原体检测试剂盒用SVANOVA BIOTECH AB公司，批号为MYC12121 09-2013。

1.2 方法

按照不同公司试剂盒使用说明书进行检测。

2 检测结果

（1）二次抗体检测结果，2011 年检测结果，IBRV 抗体阳性率平均33.3%，BVDV 抗体阳性率平均80%，BRSV 抗体阳性率为 0，BPIV3 抗体阳性率平均60%，牛支原体抗体阳性率40%。2013 年检测结果，IBRV 抗体阳性率平均80%，BVDV 抗体阳性率平均60%，BRSV（二群）抗体阳性率为20%，BPIV3 抗体阳性率平均100%，牛支原体抗体阳性率8%。

不同牦牛群检测结果，IBRV 抗体阳性率第一群为40%，第二群为80%，第三群为 100%，第四群为 100%，第五群为 80%。BVDV 抗体阳性第一群为49%，第二群为60%，第三群为 40%，第四群为 80%，第五群为80%。BRSV 抗体阳性率第一群为 40%，第二群为 0。BPIV3 抗体阳性率五群都是100%。牛支原体抗体阳性率第一、第三、第五群都是 0，第二、第四群都为 20%。

二次检测结果平均为：IBRV 抗体阳性率平均 62.5%，BVDV 抗体阳性率平均67.5%，BPIV3 抗体阳性率平均85%，BRSV 抗体阳性率平均8%，牛支原体抗体阳性率20%（表1）。

表1 牦牛 5 种呼吸道病原抗体检测结果

样品来源	检测时间（年份）	样品数量（份）	IBRV		BVDV		BRSV		BPIV3		牛支原体	
			阳性数（份）	阳性率（%）	阳性数（份）	阳性率（%）	阳性数（份）	阳性率（%）	阳性数（份）	阳性率（%）	阳性数（份）	阳性率（%）
第一群	2013	5	2	40	2	40	2	40	5	100	0	0
第二群	2013	5	4	80	3	60	0	0	5	100	1	20
第三群	2013	5	5	100	2	40			5	100	0	0
第四群	2013	5	5	100	4	80			5	100	1	20
第五群	2013	5	4	80	4	80			5	100	0	0
合计		25	20	80	15	60	2	20	25	100	2	8
混合群	2011	15	5	33.3	12	80	0	0	9	60	6	40
总计		40	25	62.5	27	67.5	2	8	34	85	8	20

（2）不同个体抗体检测结果，2011 年检测结果，5 种呼吸道病抗体阳性率为86.7%，（15 份血清有 13 份抗体阳性），二种病以上（混合感染）抗体

阳性率 66.7%，三种病以上抗体阳性率为 46.7%，四种病同时感染的抗体阳性率为 13.3%。2013 年检测结果，5 种呼吸道病抗体阳性率为 100%，二种病以上（混合感染）抗体阳性率 80%，三种病以上抗体阳性率为 64%，四种病同时感染的抗体阳性率为 16%。

二次检测结果平均，5 种呼吸道病抗体阳性率为 95%，2 种病以上（混合感染）抗体阳性率 75%，3 种病以上抗体阳性率为 57.5%，4 种病同时感染的抗体阳性率为 15%（表 2）。检测 5 种疾病，即牛传染性气管炎，呼吸道合胞体、副流感和支原体。

表 2　不同个体 5 种病检测结果

检测时间	编号	IBRV	BVDV	BRSV	BPIV3	牛支原体
	1	−	−	−	++++	−
	2	+	−	+	++++	−
	3	−	−	−	++++	−
	4	+	++	+	++++	−
	5	−	++	±	++++	−
	6	+	+	−	++++	+
	7	+	++	±	++++	−
	8	−	−	−	++++	−
	9	+	++	−	++++	−
	10	+	−	−	++++	−
	11	+	+		++++	−
	12	+	−		+++	−
2013 年	13	+	−		+++	−
	14	+	−		+++	−
	15	+	+		++++	−
	16	+	++		++++	−
	17	+	+		++++	−
	18	+	+		++++	+
	19	+	++		++++	−
	20	+	−		++++	−
	21	+	++		++++	−
	22	+	++		++++	−
	23	+	+		++++	−
	24	+	−		++++	−
	25	+	++		++++	−

（续表）

检测时间	编号	IBRV	BVDV	BRSV	BPIV3	牛支原体
	1	−	+	−	+	+
	2	+	−	−	+	+
	3	−	++	−	+	+
	4	+	++	−	+	+
	5	−	−	−	−	−
	6	−	+	−	+	−
	7	−	+	−	−	−
2011 年	8	−	+	−	−	−
	9	−	+	−	−	−
	10	+	+	−	+	−
	11	−	−	−	−	−
	12	−	+	−	+	−
	13	+	++	−	+	+
	14	+	+	−	+	−
	15	−	++	−	−	+

3　讨论

（1）天山牦牛虽然生活在海拔较高的山区，相对边远，疫病传入的途径少、机会小，但是，经过走访调查，近年来，牦牛呼吸道、消化道等发病率增高，呈现咳嗽、呼吸困难、腹泻、流产等症状，繁育率低，生产水平低，直接影响到牦牛的饲养效益。通过二次检测调查，IBRV、BVDV、BRSV、BPIV3、牛支原体这5种疫病的感染对牦牛健康有一定危害。

（2）5种呼吸道病的感染程度比较，BPIV3 为 85%，BVDV 为 67.5%，IBRV 为 62.5%，牛支原体为 20%，BRSV 为 8%，而从二次（2011 年、2013 年）检测结果分析，5种病的感染程度（阳性率）在不同程度的上升。从不同牦牛群感染程度比较，IBRV 感染最严重的是第三、第四群（100%抗体阳性），其次是第二、第五群（80%抗体阳性），BVDV 感染最严重的是第四、第五群（80%抗体阳性），再次是第二群（60%抗体阳性），第一、第三群（40%抗体阳性）。BPIV3 五群感染率都达到 100%，牛支原体感染第二、第四群（20%抗体阳性）。因此，BPIV3、IBRV、BVDV 这3种呼吸道传染病是危害牦牛健康的重要疫病。

（3）根据不同个体检测结果分析，同一个体不同种病混合感染的情况较严重。牦牛 BPIV3 的感染率达到 100%，而副流感病毒感染后还可以起致病菌的激发感染，常引起细菌性肺炎。BVDV 感染后对机体的免疫系统有抑制作用，可导致机体免疫力下降，从而激发感染其他疾病。据调查，2002 年前后，牦牛曾发生过牛出血性败血症（HS），发病率高，死亡率高。由于 BVDV 属于黄病毒科的瘟疫病毒，与猪瘟病毒同源，因此，通过对牦牛猪瘟（HC）抗体检测，阳性率达到 84%，这与 BVDV 抗体检测的结果基本相符。

（4）针对天山牦牛的预防和治疗，采取的方法较有限，除了利用自然屏障进行隔离和自然淘汰以外，免疫接种是唯一有效方法。由于牦牛野性较强，较难控制，而且机体耐受力较强，所以，疫病感染往往是出现明显症状之前，难以发现，贻误治疗时机，一旦发现病畜，就到了后期，无可救药。其次，牦牛的个体治疗、投药的方式方法困难，最实用的措施就是通过疫苗接种进行群体预防，这是控制这 5 种呼吸道疫病的唯一有效措施。

（本文发表于《畜牧兽医杂志》2015 年第 4 期）

天山牦牛8种呼吸道相关疫病的流行病学调查

摘　要： 为查明天山牦牛呼吸道相关疫病的流行现状，笔者以新疆天山放牧牦牛为研究对象，采用现场调查和病原学检测方法，对引起牦牛呼吸道病变的8种主要疫病进行调查，结果表明：冠状病毒病、牛副流感、传染性鼻气管炎、牛病毒性腹泻-黏膜病、牛呼吸道合胞体、支原体、结核病和弓形体病的感染率分别为100%、85.0%、81.9%、52.0%、20.0%、10.4%、2.7%、64.0%；现场流行病学调查表明，牦牛呼吸道病多发与牧区气候条件恶劣、草场恶化、牦牛体质差、多种动物混群于同一牧场以及防疫工作不到位有关。可见，牦牛呼吸道病相关病原感染现象比较严重，暴发的风险较大，应引起兽医防疫部门的重视。

关键词： 天山牦牛；呼吸道疾病；流行病学调查；现场调查；防控

引起牛呼吸道病变的主要疫病包括病毒病、细菌病和寄生虫病。病毒性呼吸道疾病中主要有冠状病毒病、牛副流感、传染性鼻气管炎、牛病毒性腹泻-黏膜病、牛呼吸道合胞体等，细菌性呼吸道疾病主要有支原体、结核病、巴氏杆菌病等，寄生虫性疾病主要有弓形体病、肺丝虫病等。牦牛作为生活在高寒地区的草食性反刍家畜，具有耐粗饲、适应能力强、发病较少的特点，但由于全球气候变暖、生活环境改变和牦牛交易次数频繁等原因，牦牛疾病的种类也随之增加，尤其是呼吸道相关疾病，疾病多发已成为影响牦牛生产性能的一大因素。

为了掌握新疆天山牦牛呼吸道相关疫病的流行病学背景，笔者从2009—2015年，以新疆天山放牧牦牛为研究对象，采用现场流行病学调查和血清学检验方法，对引起牦牛呼吸道病变的8种主要疫病进行调查，调查内容包括流行规律、传染来源、感染途径和发展趋势等，研究结果为更加清楚地认识天山牦牛群所处环境下的健康情况，新疆牦牛今后需优先控制的疾病种类，今后疫病预防监测的重点，以及新疆草原畜牧业健康发展奠定了理论基础。

1 方法

1.1 现场流行病学调查

采用现场咨询、查阅资料、实地查验等方式，对牦牛群的生存环境（气候、温度、海拔、地理位置、降水等）、放牧方式、放牧习惯、草场生态状况和生活区域中的动物种类进行调查，同时，对疫苗的免疫情况和牦牛疾病的发病史进行追踪性调查。

1.2 样品来源及数量

从 2009 年到 2015 年，分批次、分牦牛群并根据不同季节、不同牧场共采集牦牛血清6 883份，全血 304 份，病料 50 份，根据不同疾病的检测方法进行检测，见表1。

表1 各种传染病的检测

序号	病种	检测数（份）	序号	病种	检测数（份）
1	结核病	254（全血）	5	牛副流感	90（血清）
2	冠状病毒病	250（血清）	6	牛支原体	144（血清）
3	传染性鼻气管炎	144（血清）	7	牛病毒性腹泻	144（血清）
4	牛呼吸道合胞体	145（血清）	8	弓形体病	25（血清）

1.3 血清流行病学调查

采用商品化的冠状病毒病、牛副流感、传染性鼻气管炎、牛病毒性腹泻–黏膜病、牛呼吸道合胞体、支原体、结核病和弓形体病抗体检测试剂盒，对上述疾病的感染情况进行检测。

2 结果

2.1 现场流行病学调查结果

2.1.1 生存环境调查结果

天山牦牛生活的牧场位于新疆天山深处，新疆巴音郭楞蒙古自治州的和静县境内，被调查群所处的地理坐标为东经85°33″~88°28″，北纬42°50″~43°53″，属天山中段天格尔山北坡。夏牧场海拔2 200~3 880m，平均海拔3 040m

左右，牧场气候特点为春季返青晚，夏季凉爽，雨水较多，牧草生长旺盛；秋季积雪早，冬季寒冷，积雪较厚，属于典型高山大陆气候，主要为山地草原草场和高寒草甸放牧场。年平均气温-5～2℃，年降水量420mm左右，无霜期平均75d左右。建群植物以禾草、苔草、杂草类为主。利用时间为111d左右。即6月1日—9月10日。冬牧场，海拔1 200～2 000m。调查牦牛生活的牧场面积总计410万亩（1亩≈667m²）。

2.1.2　放牧方式、放牧习惯、草场生态状况和生活区域中动物种类的调查结果

牦牛以天然放牧为主，根据不同季节、气候、牧草、供水条件的变化，在冬夏各草场随季节轮换放牧，使牲畜与草场条件相适应。牧场牧业人口以哈萨克族、蒙古族等为主，牧民随水草而居，游牧、半游牧生产方式。由于无序放牧过度，草场承载能力下降，加上自然降水稀少；干旱和虫害、鼠害等多种因素，草场退化明显。

在同一区域内生活的野生动物有天山马鹿、天山黄羊、野狼、野猪、旱獭、野兔、狐狸、草原鼠等。冬牧场除牦牛之外还放养有绵羊、黄牛、马等。牦牛与其他牛、羊和野生动物的接触途径主要是食物链或共同使用同一草场。

2.1.3　疫苗的免疫情况和牦牛疾病的发病史调查结果

2010年，牦牛繁育率平均为65.00%，死胎率为6.52%，畸形胎儿率为3.82%，流产率为5.00%。不仅如此，成年牦牛体格较小，出肉率低。病史调查显示，牦牛主要发生过的病有牛出血性败血症等。近年应用疫苗免疫预防的病有：口蹄疫O型、口蹄疫亚洲Ⅰ型、牛出血性败血症、炭疽。

2.2　血清流行病学调查结果

血清流行病学调查结果见表2。

表2　天山牦牛呼吸道相关疾病抗体检测

序号	病种	阳性率（%）	序号	病种	阳性率（%）
1	结核病	2.5	5	牛副流感	93.3
2	冠状病毒病	100.0	6	牛支原体	10.4
3	传染性鼻气管炎	81.9	7	牛病毒性腹泻-黏膜病	52.0
4	牛呼吸道合胞体	20.0	8	弓形体病	64.0

从表2可以看出，感染率由高到低排序分别为冠状病毒病（100%）、牛副流感（93.3%）、传染性鼻气管炎（81.9%）、弓形体病（64.0%）、牛病毒性腹泻-黏膜病（52.0%）、牛呼吸道合胞体（20.0%）、牛支原体（10.4%）、

结核病（2.5%）。

3 结论

3.1 呼吸道相关疾病已经成为威胁天山牦牛放牧养殖的主要因素

研究结果表明，影响牦牛呼吸道的主要病原中，冠状病毒病、牛副流感、传染性鼻气管炎、弓形体病和牛病毒性腹泻-黏膜病的抗体阳性率均超过50%，关于这几种疫病在牦牛中的感染情况尚未见详细的研究资料，但李静等对新疆规模化奶牛场中这几种疫病的研究结果表明，新疆地区部分规模化奶牛场中普遍存在上述 5 种病原的混合感染现象，其中，牛传染性鼻气管炎病毒、牛病毒性腹泻病毒、牛呼吸道合胞体病毒、牛副流感 3 型病毒和牛支原体感染的抗体平均阳性率分别为 82.5%、88.8%、82.5%、91.3%和 86.3%。

研究结果表明，尽管牦牛放牧区环境相比于奶牛养殖区更为优越，但必须重视防控呼吸道疾病，呼吸道相关疾病已经成为天山牦牛健康放牧养殖的一大威胁。

3.2 牦牛呼吸道相关疫病多发的发病诱因

（1）呼吸道疾病多发原因可能与当地的气候条件有关：研究发现，新疆牦牛放牧区气候干燥多变、昼夜温差大、多风沙、水草贫瘠、高寒缺氧现象明显，应激性因素较多。上述原因均是导致牦牛呼吸道疾病多发的诱因，故当地呼吸道疾病多发原因可能与当地的气候条件有关。

（2）牦牛体质较差、饲养管理水平低下是导致牦牛呼吸道病多发的根本原因：前期调查表明，当地牧民主要采用的是自然放牧方式，全年均未对牦牛进行补饲补料，加之当地牧场资源匮乏，四季草场波动较大，尤其是冬季，常见牦牛在冰雪中寻草，牦牛本身体况不良可能是导致疾病多发的根本原因。

（3）野生动物和牧区内外频繁流动的人畜是可能的感染来源：与天山牦牛共处同一区域环境的各种野生动物，它们跨地域生活，活动范围更大，所接触的动物和畜种更广，监管和疾病检测难以实现，因此，疾病由野生动物传染给牦牛的风险增大。

另外，冬春草场由于海拔相对较低，与牦牛共同生活在同一区域内的黄牛、绵羊、山羊等，可能是牦牛呼吸道相关疫病的传染来源之一。

（4）牦牛野性十足，防疫和监测难度较大：牦牛身形敏捷，野性十足，尤其在放牧条件下，由于无法捕捉，很难做到疫苗的有效防控和定期的血清学监测，甚至有的牧区数年均未做过疫苗免疫和抗体监测工作。

3.3 风险预警及对今后牦牛疫病的防控意见

调查表明，牦牛生存的环境比较恶劣，不但高寒、缺氧，而且水草不丰盛，直接影响牦牛生产与健康，降低牦牛的体质和抗病力。又由于各种疫病的威胁，天山牦牛发生上述呼吸道和寄生虫疾病的风险增大，如果不做好预防，散发和暴发的可能性较大。

防控意见：制订牦牛疫病的综合性防治技术规范并认真执行实施；对重点疫病积极地进行疫苗预防；每年定期进行重点疫病监测，并对监测结果进行分析评估，提出近期防治措施；做好检疫净化、驱虫和监管；加强管理，科学放养；开展品种改良，培育抗病力强、生产水平高的牦牛品种。

（本文发表于《黑龙江畜牧兽医》2016 年第 6 期）

天山地区牦牛主要传染病
流行病学调查

摘　要：通过流行病学和血清学检测对新疆天山地区放牧牦牛主要传染病进行调查。结果显示：口蹄疫感染率7.4%，冠状病毒病感染率100%，牛副流感感染率85.0%，传染性鼻气管炎感染率81.9%，牛病毒性腹泻感染率52.0%，衣原体感染率44.0%，牛呼吸道合胞体感染率20.0%，附红细胞体细胞变形率20.0%，布氏杆菌病感染率12.8%，支原体感染率10.4%，结核病感染率2.7%。巴氏杆菌（牛出败）、大肠杆菌等环境条件致病病原体随气候环境变化亦经常发生感染。

关键词：天山牦牛；流行病学

为了掌握新疆天山地区牦牛疫病的流行情况、感染途径、流行规律及发展趋势，进而为该地区牦牛疫病预防及监测等提供依据，笔者等从2009年至2015年对天山牦牛主要疫病的流行情况进行了调查，现报告如下。

1　自然环境

天山牦牛生活的牧场位于新疆天山深处，新疆巴音郭楞蒙古自治州的和静县境内，调查群所处的地理坐标分别为东经86°28″~86°38″、北纬42°14″~42°20″和东经85°33″~88°28″、北纬42°50″~43°53″，属天山中段天格尔山北坡。夏季牧场海拔2 200~3 880m，平均海拔3 040m，冬季牧场海拔1 200~2 000m；牧场春季返青晚，夏季凉爽，雨水较多，牧草生长旺盛，秋季积雪早，冬季寒冷，积雪较厚，属于典型高山大陆气候，主要为山地草原草场和高寒草甸放牧场；年均气温-5~2℃，年降水量420mm，无霜期平均75d；建群植物以禾草、苔草、杂草类为主，利用时间111d，即6月1日至9月10日。

牦牛以天然放牧为主，根据不同季节、气候、牧草、供水条件的变化，在冬夏各草场随季节轮换放牧，使牲畜与草场条件相适应。由于无序放牧过度，草场承载能力下降，加上自然降水稀少、干旱和虫害、鼠害等多种因素，草场退化明显。

2　天山地区牦牛主要疫病检测与调查

从2009年至2015年，分批次、分牦牛群，并根据不同季节、不同牧场共采集牦牛血清6 833份，全血304份，病料50份，根据不同疾病的检测方法进行检测，结果见表1。

表1　天山地区牦牛主要传染病检测结果　　　　（单位：%）

序号	病种	感染抗体阳性率
1	结核病	2.5
2	冠状病毒病	100
3	衣原体病	44.0
4	蓝舌病	0
5	白血病	0
6	传染性鼻气管炎	81.9
7	牛呼吸道合胞体病	20.0
8	牛流感7型病毒	93.3
9	牛支原体	10.4
10	牛病毒性腹泻	52.0
11	布鲁氏菌病	12.8
12	口蹄疫	7.4
13	附红细胞体	20.0

本次调查结果表明，影响天山地区牦牛健康的主要疫病有：口蹄疫（感染率7.4%）、冠状病毒病（感染率100%）、牛副流感（感染率85.0%）、传染性鼻气管炎（感染率81.9%）、牛病毒性腹泻（感染率52.0%）、衣原体（感染率44.0%）、牛呼吸道合胞体（感染率20.0%）、附红细胞体（变形率20.0%）、布氏杆菌病（感染率12.8%）、支原体（感染率10.4%）、结核病（感染率2.7%）等。另外，当气候环境变化时，巴氏杆菌、大肠杆菌等环境致病菌也可发生感染。

不同疫病在不同牛群中的感染程度不同。由于分区域、分草场、分群放牧管理，使牦牛疫病的感染具有草场群居性特点；两种或两种以上疾病混合感染比较严重，仅呼吸道疾病的混合感染率就达75%；人畜共患病潜在的危害较大，布氏杆菌病、结核病等感染率较高，特别是布氏杆菌病最高群达12.8%以上，远远高于国家控制标准，这是牦牛繁育率较低的主要因素，也对人和其他牲畜构成潜在威胁；不同年份、不同季节牦牛疫病的感染率和发病率亦有区别，当气候异常年份如少雨干旱、炎热、寒冷、雪灾等自然原因造成应激或体质下降时，发病率较高；牦牛对口蹄疫 O 型、亚洲 I 型疫苗的免疫应答能力较强，疫苗免疫后对牦牛有较高的保护率。详见表 2。

表 2　天山地区牦牛口蹄疫免疫抗体保护率检测结果　　　　　（单位：%）

类别	口蹄疫类型	保护率
母源抗体	O 型	100
	亚洲 I 型	83.3
青年牛免疫抗体	O 型	100
	亚洲 I 型	86.7
成年牛免疫抗体	O 型	97.0
	亚洲 I 型	99.0

3　天山地区牦牛疫病传播途径分析

2010 年，牦牛繁育率平均 65%，死胎率 6.52%，畸胎率 3.82%，流产率 5%。经流行病学调查，对其主要疫病传播途径分析如下。

3.1　高寒、缺氧、干旱等气候条件对牦牛健康的影响

虽然牦牛的抗病力和适应性较其他动物强，但恶劣环境对牦牛体质也有影响。如高寒缺氧、常年干旱、草场退化、水草不肥、气候多变，可使牦牛的体质下降，易引发疫病感染，特别是呼吸道疫病和消化道疫病。

3.2　野生动物及其他畜种的交叉感染

调查显示，天山牧场同一区域内生活的野生动物有天山马鹿、天山黄羊、野狼、野猪、旱獭、野兔、狐狸、草原鼠等，冬牧场除牦牛之外还放养有绵羊、黄牛、马等，牦牛与其他牛、羊和野生动物的接触途径主要是食物链或共同使用的草场。各种野生动物跨地域生活，活动范围更大，所接触的动物和畜种更广，对野生动物的监管和检测难度很大，因此，野生动物疫病传染牦牛的威胁增大。同时，冬春草场由于海拔相对较低，与牦牛共同生活在同一区域内的黄牛、绵羊、山羊易感染口蹄疫、布氏杆菌病、寄生虫病等，这

些疫病与牦牛具有交叉感染性，对牦牛可造成感染。

3.3　来自天山山外人畜的威胁

近年来，由于畜牧业的快速发展和动物防疫工作的相对滞后，牛的主要疫病感染率增高，这些疫病随着山区畜群的增栏（引进种畜和不同品种的改良等）、出栏（牛羊育肥后季节性出栏和淘汰）以及山上山下牲畜与产品频繁交易的发生，在疏于监管的情况下，容易传入山区。

3.4　牦牛群内相互感染与传播

同一牦牛群，由于健康状况不同，感染或发病个体通过接触感染健康牛，如母牛感染犊牛，流产物污染草场，共同的水源，粪便，自然交配，群居时通过呼吸道感染等，使病原菌传播加快，牛群疫病感染率和发病率均增高。

3.5　应激因素

气候突变、长途转群、频繁调整畜群结构等引起的各种应激因素及动物体质下降、检疫不严格等都是疫病发生的诱因和直接原因。

4　天山地区牦牛疫病防控措施

通过调查发现，天山地区牦牛生存的环境比较恶劣，不但高寒、缺氧，而且水草不肥，直接影响牦牛体质和抗病力，加之各种疫病传播途径复杂，天山牦牛发生疫病的风险增大。其防控应侧重以下几个方面：①制定牦牛疫病预防的综合性防治技术规范并认真实施；②对重点疫病进行积极疫苗预防；③每年定期进行重点疫病监测，并对监测结果分析评估，提出近期防治措施；④做好检疫净化、驱虫和监管；⑤加强管理，科学放养；⑥开展品种改良，选育抗病力强、生产性能高的牦牛品种。

（本文发表于《中国草食动物科学》2015 年第 3 期）

天山牦牛主要寄生虫病区系调查报告

摘　要：通过对区域内牦牛寄生虫感染调查，确定区域内危害牦牛健康的寄生虫优势种为：弓形体、牛皮蝇、线虫、附红细胞体、球虫、吸虫和新孢子虫等，经流行病学分析，提出防治的措施。

关键词：天山牦牛；寄生虫病；调查报告

为了了解在高寒、缺氧生存状况下，天山牦牛寄生虫的感染状况，以及寄生虫病对天山牦牛健康的危害程度，研究各类寄生虫在这一环境下的生活史和流行规律，制定预防重点和技术措施，控制人兽共患寄生虫病的传播，提高天山牦牛的生产水平，2010—2015 年我们对天山牦牛寄生虫病进行了调查，现将调查结果报告如下。

1　生活环境

调查的牦牛群处在新疆巴音郭楞蒙古自治州境的和静县境内，地理坐标分别为东经 86°28″~86°38″，北纬 42°14″~42°20″和东经 85°33″~88°28″，北纬 42°50″~43°53″。夏季牧场平均海拔 3 040m 左右，牧场气候特点为：春季返青晚，夏季凉爽，雨水较多，牧草生长旺盛；秋季积雪早，冬季寒冷，积雪较厚，属于典型高山大陆气候，年平均气温-5~2℃，年降水量 420mm 左右，无霜期平均 75d 左右，牦牛生活期从 6 月 1 日~9 月 10 日，共 100d 左右。冬牧场，海拔 1 200~2 000m，这些地区平坦向阳、多沟、温暖，阴坡积雪较阳坡厚，同时气候也比较冷，阳坡积雪易融化，牧草萌发早、枯黄较晚，利用时间长，牦牛生活期从 9 月 10 日至翌年 5 月 31 日可达 255d。

牦牛以天然放牧为主，根据不同季节、气候、牧草、供水条件的变化，在冬夏各草场随季节轮换放牧，使牲畜与草场条件相适应。草地季节放牧利用，主要是四季轮牧。牧场河流的水源主要有高山融雪和自然水补充，年径流量相对稳定，牧民逐水草而居，游牧、半游牧生产方式。

牧场牧业人口以哈萨克族、蒙古族等为主，人口约 1 000 人，牲畜饲养量

6.8万头（只）左右，其中，牛0.86万头（牦牛0.75万头左右）、马0.033万匹、绵羊5.8万只、山羊0.072万只、骆驼0.007万峰。放养密度66.8头（只）/667m²，夏季放牧每天10～15h（天亮到天黑），冬季8～10h，以放养采饲为主。牦牛分7群，各群牛放牧草场相对独立，无混群情况。

近年来，牦牛、羊都有不间断的出栏和引种情况，每年出栏20%左右。曾先后从西藏、青海引进公牦牛4次，每次50～100头不等，羊主要是引进阿勒泰大尾公羊和新疆土种羊。在同一区域内的野生动物有天山马鹿、天山黄羊、野狼、野猪、旱獭、野兔、狐狸、草原鼠等，除此之外，牧民饲养牧羊犬数在100只左右，每户都养，没有采取驱虫措施。牦牛与绵羊和野生动物的接触途径主要是食物链或共同使用同一草场。2010年，牦牛繁育率平均为65%左右，死胎率达到6.52%左右，畸胎率达到3.82%左右，流产率达到5%左右。不仅如此，成牦牛体格较小，出肉率低，平均体重母牦牛180kg，公牛230kg，流产胎儿在草场上被草原老鹰吃掉。

2　检测方法与数量

2.1　方法

采用饱和盐水漂浮法和水洗沉淀法对所采粪样进行虫卵检查，并进行计数和鉴别，采用正向间接血凝试验（IHA）的方法对牦牛弓形体病、新孢子虫病感染抗体进行血清学检测，采用剖检方法对牦牛牛皮蝇进行检查，采用全血涂片镜检的方法对牦牛附红细胞体进行检测。

2.2　检测数量

表1　检测数量

病种	线虫	球虫	吸虫	绦虫	弓形体	新孢子虫	牛皮蝇	附红细胞体
检测数（头）	82	82	82	82	25	25	70	50

注：采样来自粪样、血清、全血、解剖。

3　检测结果

检测结果见表2。

表 2　牦牛寄生虫感染情况

病种	线虫	球虫	吸虫	绦虫	弓形体	新孢子虫	牛皮蝇	附红细胞体
感染 （寄生） 率（%）	48.8	17.07	4.88	0	64	4	52.8	20

4　调查结论

（1）本次调查结果表明，危害天山牦牛健康的主要寄生虫优势种根据感染程度依次是弓形体、牛皮蝇、线虫、附红细胞体、球虫、吸虫和新孢子虫。

（2）不同寄生虫感染牦牛的密度与感染率成正相关。本次调查结果表明，线虫感染率48.8%，EPG（每克粪便中的虫卵数）值100～700；球虫感染率17.07%，EPG值100～300；吸虫感染率4.88%，EPG值100～200。牛皮蝇寄生强度较大，所检个体平均寄生强度20个虫体，最高达64个。

（3）感染相关因素。首先，本次调查幼畜感染率低于成年畜，但随着年龄的增大，感染率在提高。其次，不同种类的体内寄生虫混合感染率较低。牦牛对各种寄生虫的抵抗力与年龄关系不大，而与季节性、接触病原体的几率有关。

（4）重要性。寄生虫病是引起牦牛消瘦、体质下降、繁育率降低、经济价值低的主要原因之一，特别是人畜共患寄生虫病对牧民和牧区管理人员的健康已造成潜在威胁。

5　流行病学分析

（1）独特的气候、地理环境为牦牛和不同寄生虫生存和繁衍提供了共生的条件。高山、高原、草地以及固有的河流、湖泊以及沼泽既有利于牦牛的生存也适于各类寄生虫的生存和繁殖，不同的纬度和较高的海拔、多样的地貌特征又造成独特的气候环境，这种温度、光照和雨水的变化为区域内多种寄生虫虫种的存在和流行创造了条件。

（2）人及共生环境下的绵羊、野生哺乳类动物以及啮齿类动物是牦牛寄生虫的保虫畜主，虽然没有对共生区域内这些畜种进行寄生虫感染的区系调查和季节调查，但是这些畜主和牦牛一样同样已受到各种寄生虫的感染，对牦牛寄生虫病的发生和发展起着传播者和自然疫源地的作用，致使牦牛各种寄生虫病长期存在，无法彻底消灭。

（3）中间畜主的长期存在形成各种寄生虫完整的发育史。草原上各种野生动物、啮齿类动物、各种昆虫、蜗牛、螺、蜱等形成各种寄生虫完整的发育史和共生、共存的区域链。

（4）饲养管理、卫生条件、生活习性等对牦牛寄生虫病的流行起到一定影响。长期使用同一草场，没有轮牧和休牧，管理粗放，干旱草料不足致使营养不良，体质下降，抗病力差。其次，对牦牛寄生虫病重视不够，长期不主动驱虫，集中时环境不消毒，卫生差，牦牛宰后内脏喂狗，粪便不处理等，牧民放牧后和吃饭前不洗手、共同饮用相同水源等。

6 防治措施

（1）制定长期防制的区域规划，研究行之有效的驱虫程序。

开展区系调查：结合区域调查出的结果，针对优势种确定防治的重点和畜龄。

制定驱虫程序：确定每年驱虫时间应是一年 2 次，转牧前各一次，即每年 4 月、9 月或春秋各一次，以群为单位，集中驱虫，1 岁以上除病畜外，全部防治，连续 3~5 年。

确定驱虫密度：除牦牛外，区域内的羊、犬等也要按程序驱虫，野生动物的驱虫可以在草原上投放带药诱饵。

确定驱虫药品：驱虫药品选择广谱、高效、安全的药。

（2）开展调查和检测。驱虫结束后对驱虫的效果要进行调查和评估，调查包括同一区域内的其他动物和人，特别是对人畜共患寄生虫病的调查和防控更应重视。根据调查结果确定下一轮防控计划。

（3）实行轮牧、休牧制。以群为单位，划分草场。避虫放牧，避开潮湿草地和幼虫活跃时间放牧，不要雨后放牧，严禁混群放牧。每片草地有 2 个月左右的休牧期。

（4）加强饲养管理，搞好卫生，改变不良习性。分阶段圈养，适时补充精料，增强体质，提高抗病力。在草原上，避免饮用低洼处的积水、死水，固定清洁饮水点卫生。搞好牦牛圈舍、牧民家庭卫生，不食生肉，饮用开水，常洗手。及时淘汰病、残、瘦小畜。人便、犬粪、牦牛圈舍粪便分开堆积发酵或晒干燃烧。

（本文发表于《新疆畜牧业》2015 年第 6 期）

天山地区牦牛口蹄疫病防控效果监测

摘　要：为了掌握天山地区牦牛口蹄疫病的防控效果，对 0~60 日龄犊牛的母源抗体，1 岁左右的青年牛、1 岁以上成年牛口蹄疫 O 型及亚洲 I 型免疫抗体效价进行监测。结果表明：母源抗体保护率亚洲 I 型为 83.3%，O 型为 100%；免疫后 49d 1 岁左右的青年牛亚洲 I 型抗体保护率为 86.7%，O 型为 100%，1 岁以上成年牛亚洲 I 型抗体保护率为 99%，O 型为 97%。

关键词：天山地区；牦牛；口蹄疫病；防控

新疆牦牛是 20 世纪五六十年代从青海引进，经过 60 年的繁衍，已经适应在天山深处的生活环境，并逐渐成为新疆本地的地方品种，长年生活在海拔 3 000m 的高原地带，其抗病力和适应性已逐渐稳定，但是，由于同一环境下还生活着黄羊、马鹿、狼等野生动物及人工放养的牛、羊等，且活动范围大，牧民进出山区贸易又频繁，口蹄疫传入的途径较多，潜在的危害也较大，所以，牦牛疫病的预防和控制不容忽视。为了掌握生活在天山深处（巴音布鲁克草原）牦牛口蹄疫病的防控情况及牦牛自身免疫状况，2011 年 6 月，笔者等对该地区 4 群牦牛（每群 800~1 000 头）免疫 O 型口蹄疫疫苗及亚洲 I 型口蹄疫疫苗后 49d 的抗体效价进行了检测。

1　材料与方法

1.1　血清样品

共随机采集牦牛血样 160 份，平均每群采样 40 份，其中，采集 3~60 日龄牦牛血样 30 份，分离血清后进行口蹄疫特异性抗体检测。

1.2　试剂与方法

检测依据 GB/T 18935—2003。口蹄疫 O 型抗体检测方法为正向间接血凝试验，正向血凝抗原由中国农业科学院兰州兽医研究所生产，批号 110507；

口蹄疫亚洲 I 型抗体检测方法为液相阻断 ELISA 方法，检测试剂盒由中国农业科学院兰州兽医研究所生产，批号 2011030902。

1.3　结果判定

ELISA 抗体效价≥1：128，判为 99% 保护；效价≤1：16 为不保护；效价在 1：22~1：90 为 50% 保护。O 型抗体效价≤1：16 为不保护，≥1：32 为保护。

2　结果与分析

由表 1、表 2 可见，天山地区牦牛犊牛母源抗体效价均较高，O 型保护率达 100%，亚洲 I 型达 83.3%。一方面，与 O 型免疫次数多（有的母牛有十几年的免疫史）、亚洲 I 型免疫次数少（仅 2~3 年免疫史）及抗体穿透胎盘的能力不同有关；另一方面，与牦牛本身在同时接种 O 型与亚洲 I 型疫苗时所产生的免疫应答能力不同有关。另外，还与口蹄疫多价联苗不同型的免疫源性、不同试剂、不同检测方法与判定方法等有关。总之，相对较高的母源抗体可对犊牛在哺乳期起到较长时间的保护作用。

1 岁青年牛免疫后的口蹄疫 O 型效价平均达 100%，亚洲 I 型达 86.7%，而且都是 2 次免疫后的效价，说明牦牛在母源抗体消失后获得被动免疫，O 型口蹄疫比亚洲 I 型抗体滴度上升较快，而且整齐度较高。

表 1　天山地区牦牛口蹄疫亚洲 I 型免疫抗体滴度

牛群	年龄	检测数	亚 I 型抗体滴度					保护率（%）	备注
			<1：32	1：45	1：90	1：180	≥1：256		
犊牛	3~60d	30	5	4	6	7	8	83.3	母源抗体
青年牛	1 岁左右	15	2		3	3	7	86.7	
成年牛	1~12 岁	104	1	3	8	48	44	99.0	
合计		149	8		141			94.6	

表 2　天山地区牦牛口蹄疫 O 型免疫抗体滴度

牛群	年龄	检测数	O 型抗体滴度					保护率（%）	备注
			<1：32	1：64	1：128	1：256	≥1：512		
犊牛	3~60d	31	0	0	1	6	24	100	母源抗体
青年牛	1 岁左右	15		2	1	1	11	100	

（续表）

牛群	年龄	检测数	O 型抗体滴度					保护率（%）	备注
			<1：32	1：64	1：128	1：256	≥1：512		
成年牛	1~12 岁	108	3		1	9	95	97	
合计		154	3			151		98	

3 讨论

（1）从口蹄疫 O 型与亚洲 I 型免疫后的平均抗体效价分析可以看出，牦牛对口蹄疫 O 型与亚洲 I 型的免疫应答能力都较强，用疫苗免疫后都能获得较高保护力，这对牦牛口蹄疫的防控有重要意义。从检测结果可以看出，在相对边远的天山地区，只要孕母牛免疫效果好，犊牛母源抗体保护时间可维持 3~5 个月，而且 0~60d 犊牛母源抗体衰减较慢，其原因有待于进一步调查。同一个体同时免疫口蹄疫亚洲 I 型与 O 型疫苗（联苗），并在相隔同一时期后分别检测，牦牛亚洲 I 型抗体滴度不如 O 型上升快，但随着年龄增长，经多次免疫后，牦牛（老牛）抗体滴度差别不明显。从实际生产分析，口蹄疫 O 型-亚洲 I 型双价苗对牦牛的整体免疫效果较好，对预防牦牛口蹄疫有实际意义。

（2）强化免疫，加强监测。免疫对牦牛预防口蹄疫的效果显而易见，要做好春秋两次（转场前后）的口蹄疫免疫接种，选择恰当的免疫时机，因牦牛免疫在野外进行，为了减少应激，应选在天气晴朗、气温适宜的时候，避免在极端天气，如寒冷、炎热、日光暴晒下或风雪雨天免疫，以免影响免疫效果。由于山区条件差，气候多变，要注意疫苗的保存。同时，要定期对免疫效果进行抽检，随时监测免疫状况。

（3）划分牧场，建立牦牛放养的专属区域。利用山区河流、山头、山沟等自然屏障，将牦牛与其他放养动物分开，防止交叉感染。禁止混合放牧或交叉放牧，牦牛群与群之间不能经常调整，不同群之间不要共同使用草场，同群使用过的草场最好休牧 2 个月左右，进行充分暴晒，同时，加强对牦牛群的管理，及时发现和淘汰病畜。同群牦牛发病率高时应划分固定草场进行野外隔离，禁止其他畜群靠近。恢复健康后，要对使用过的草场长时间暴晒，禁止将病畜运出山外交易，正常淘汰时，管理人员应运用专车运输。

（本文发表于《中国草食动物科学》2015 年第 1 期）

天山牦牛口蹄疫病毒非结构蛋白 3ABC 检测

摘　要：为了掌握生活在天山深处牦牛口蹄疫病毒（FMDV）感染情况，采集牦牛血样 149 份，分离血清后进行口蹄疫病毒非结构蛋白 3ABC 检测。结果表明：犊牦牛、青年牦牛以及成年牦牛平均阳性率达 7.4%。

关键词：天山牦牛；口蹄疫病毒；检测

新疆天山牦牛生活在海拔 3 000m 左右的天山深处，相对边远，所处环境条件较差，为了掌握在这一生态环境下牦牛口蹄疫病原感染状况。2011 年，利用北京世纪元亨生物有限公司生产的口蹄疫病毒非结构蛋白抗体单抗阻断 ELISA 试剂盒，对生活在天山深处的牦牛进行了口蹄疫病原学检测。

1　材料

1.1　血清样品

共采集 4 个牦牛群（每群规模 800 ~ 1 000 头不等）149 份血样，其中，60 日龄以下牛犊 30 份，1 岁青年牦牛 15 份，1 ~ 12 岁成年牦牛 104 份，分离血清后进行检测。

1.2　诊断试剂

口蹄疫病毒非结构蛋白抗体单抗阻断 ELISA 试剂盒由北京世纪元亨生物有限公司提供，批号为：FMDV20110331E。

1.3　检测依据及操作方法

检测依据：XJTCADCZB/T005—2010；操作方法：按试剂盒提供说明书。

1.4　结果判定

被检样品 lnh% ≥ 40%，判为 FMDV – NS 抗体阳性；被检样品 25% ≤

lnh%<40%，判为 FMDV-NS 抗体可疑；被检样品 lnh%<25%，判为 FMDV-NS 抗体阴性。FMDV-NS 抗体阳性，说明该动物曾感染口蹄疫病毒。FMDV-NS 抗体可疑，说明该动物可能感染口蹄疫病毒。FMDV-NS 抗体阴性，说明该动物未感染口蹄疫病毒（急性发病期除外）。

2　结果与分析

口蹄疫病毒（FMDV）非结构蛋白（NS）是病毒在复制过程中产生的蛋白，在自然感染的情况下，动物会产生抗非结构蛋白抗体，通过检测血清中 FMDV 非结构蛋白抗体，可以区分自然感染动物与灭活疫苗免疫的动物，从而确定动物群体中 FMDV 感染情况。从表 1 可知，被检测的 149 份牦牛血清中，牦牛犊牛与青年牛 FMDV 感染率均为 6.7%，成年牛感染率达 7.7%，平均感染率达 7.4%。说明在自然环境下，虽然牦牛生活在相对边远的天山深处，仍有 FMDV 感染牛传染源的存在。

表 1　口蹄疫病毒非结构蛋白 3ABC 检测结果

样品类型	免疫状况	样品数量（份）	3ABC 抗体（阳性）（份）	3ABC 抗体（可疑）（份）	3ABC 抗体（阴性）（份）	阳性率（%）
犊牛（5~60d）	未免	30	1	1	28	6.7
青年牛（1 岁）	免 1~2 次	15	1	0	14	6.7
成年牛（1~12 岁）	免 3 次以上	104	7	1	96	7.7
合计		149	9	2	138	7.4

3　讨论

（1）通过对牦牛所处环境及放养过程中口蹄疫发生情况调查，发现在牦牛群中没有口蹄疫症状的个体，且在历史上也没有发生过口蹄疫疫情。牦牛 O 型口蹄疫的免疫已有十几年的历史，亚洲 I 型口蹄疫的免疫已有 3 年历史，相反周围相邻牧场牛羊曾经有发生过口蹄疫疫情，但发病情况不详。

（2）3ABC 检测抗体阳性是否与疫苗纯化不彻底，疫苗中含有少量非结构性蛋白，免疫动物后，能诱导机体产生非结构蛋白抗体或者与牦牛群中个体曾经 FMDV 亚临床感染过已康复，以及与诊断试剂的抗原引起非特异性反应等有关，需要对阳性畜进一步追踪调查，采其 O-P 液进行病原学检测。

（3）加强对天山牦牛口蹄疫病的预防，按时做好春秋两季的口蹄疫免疫工作。虽然牦牛的野性较强，所处环境条件较差，免疫时技术操作难度较高，但必须确保免疫率达100%，防止漏畜漏诊；为了掌握牦牛免疫效果，对免疫抗体要进行跟踪监测。除O型、亚洲Ⅰ型必免外，A型疫苗是否免疫，要根据A型FMDV感染情况的检测和发病情况及时确定。对牦牛的免疫由于在户外进行，因此，要选在天气晴朗时，避免在恶劣天气中免疫造成过大的应激。

（4）加强管理。以群为单位划分草场，禁止混群，减少山外车辆、人员进山购牛，禁止相邻牧场牛羊越界进入牦牛放养草场，引进种牦牛时要严格检疫，感染FMDV牦牛禁止购入混群。

（本文发表于《中国草食动物科学》2014年第6期）

新疆天山牦牛附红细胞体病的诊断

摘　要：为查明导致新疆天山放牧牦牛贫血、消瘦的原因，对疑似病牛进行病理剖检观察，同时采集可疑牦牛血液（抗凝血）50 份，采用血液滴片法和推片染色法进行镜检。结果发现，病牛眼结膜和胸腔、腹腔内各脏器表面黏膜均呈现不同程度的黄染；10 头病牛红细胞的变形率超过 20%，其中 7 头变形率超过 50%；红细胞表面呈现低色素性，并附着形态不一的附红细胞体。结果揭示，附红细胞体为此次牦牛贫血、消瘦的主要病因；在平时的饲养管理中，应防止牛群之间的交叉感染，尤其是在免疫接种时，要注意勤换针头。

关键词：天山牦牛；附红细胞体；诊断

附红细胞体病是由血液原虫——附红细胞体（EP）寄生于红细胞表面或游离于血浆、组织液及脑脊液中引起的人兽共患传染病，临床上以发热、溶血性贫血和黄疸为主要特征。早在 1928 年，英国人 Schilling 报道了关于啮齿类动物的附红细胞体病，随后世界各地关于各种动物附红细胞体的报道不断出现。在我国，附红细胞体病主要见于猪、牛、羊和宠物，但至今未查阅到关于牦牛附红细胞体病的详细研究报道。

1　背景

2014 年冬季，新疆天山牦牛放牧区的牦牛出现了不同程度的贫血、消瘦、食欲不佳现象，给当地牧民带来了较大的经济损失。为查明导致该病变的主要原因，采用病理剖检、发病史调查及实验室检测相结合的手段，开展了本次调查。

2　材料与方法

2.1　材料

样品来源：放牧牦牛抗凝血样品 50 份。

仪器及试剂：显微镜（OLYMPUS CX22）、抗凝采血管、载玻片、盖玻片、生理盐水、瑞氏染液（自配）。

2.2　方法

血样采集：颈静脉无菌采集牦牛血液。

解剖与病变观察：按照常规剖检方法，观察牦牛眼结膜、阴道黏膜、各脏器（肝脏、脾脏、肠道表面等）表面颜色等。

血液推片、染色、镜检：将采集的 1 滴牦牛抗凝血（约 15μL），以 45°斜角均匀推片，在血涂片反面用记号笔标记，用瑞氏染液染色，置 10×100 倍油镜下观察。判定标准：高倍镜下，在红细胞分布区观察 8~10 个视野，若红细胞周围呈波浪状、星芒状、锯齿状改变，且周围有染成紫色的各种形态（如星形、哑铃形、点状等）的附红细胞体即为阳性，反之则为阴性。

血液直接滴片镜检：将采集的新鲜血样加等量的生理盐水稀释后，吸取 1 滴置于载玻片上，加盖玻片，置 10×100 倍油镜下观察。按红细胞变形率来判定：变形率 10% 为 "−"，变形率在 10%~20% 为 "+"，20%~50% 为 "++"，50%~75% 为 "+++"，≥ 75% 为 "++++"。

3　结果

3.1　临床病理剖检结果

疑似病例消瘦，眼结膜黄染，胸腔脏器表面、肝脏表面、肠道表面黏膜均呈现不同程度的黄染（图 1）。

3.2　血液推片、染色、镜检结果

血液推片，瑞氏染色，然后在 10×100 倍油镜下观察。结果发现，牦牛红细胞变形，红细胞表面呈现较为严重的低色素性（图 2）；牦牛红细胞表面附着各种形态的附红细胞体，有逗点状、哑铃状、长杆状等（图 3）；并且牦牛的红细胞变形率均接近 50%（图 3、图 4）。

3.3　血液直接滴片镜检结果

血液滴片检查结果显示，50 头试验牛中，10 头牛的红细胞变形率超过 20%，其中 7 头牛的红细胞变形率超过 50%。

图 1 脏器表面黏膜黄染

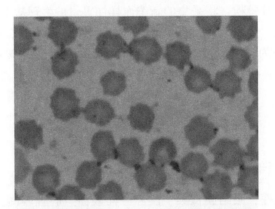

图 2 红细胞变形、红细胞表面呈现低色素性

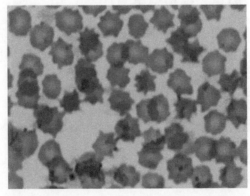

图 3 红细胞表面附着各种形态的附红细胞体（瑞氏染色、镜检）

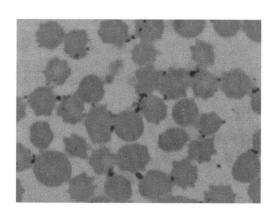

图4 红细胞变形率接近 50%（瑞氏染色、镜检）

表1 疑似感染牦牛红细胞变形率统计结果

试验编号	红细胞变形率	结果判定	试验编号	红细胞变形率	结果判定
牦牛-2	20%	+	牦牛-30	65%	+++
牦牛-7	25%	++	牦牛-32	80%	++++
牦牛-8	90%	++++	牦牛-44	85%	++++
牦牛-11	80%	+++	牦牛-47	80%	++++
牦牛-12	20%	+	牦牛-49	70%	+++

4 讨论

经查阅相关资料，未见关于牦牛附红细胞体病的相关报道。本研究从临床病例观察、解剖观察、病牛血样的采集、血液推片染色镜检、血液滴片制备及观察五个方面，对此次牦牛附红细胞体病疫情进行了确诊。

附红细胞体一般多发于蚊虫滋生的夏季，进行过免疫接种的牛群，流行病学调查表明，此次疫情的发生可能与人为操作失误有关。

附红细胞体的分类到目前为止还尚未明确，但最新分析结果表明，附红细胞体属于柔膜体纲血支原体属，是一种较为严重的人兽共患病原体。鉴于牦牛附红细胞体病较少发生，应提高饲养人员的防护意识，防止附红细胞体病在本地区牦牛中再次发生。

（本文发表于《中国动物检疫》2016 年第 9 期）

野牦牛布鲁氏菌病感染情况调查

2005年6月，我们对某山区牧场放养的5群共计5 000余头不同类别的野牦牛布鲁氏菌感染情况进行抽样调查，结果发现，公牦牛布鲁氏菌感染率达到14.1%、流产牦牛感染率达到39.4%、后备母牦牛（3岁）感染率4.9%、平均感染率12.1%，现报告如下。

1 牦牛的放养管理情况

该山区牧场属于天山高寒地区，平均海拔3 000m左右。目前，共放养野牦牛5 000余头，由于牦牛缺乏驯养，因此，其野性较强，牦牛的兽医防疫和检疫工作困难较大。该牦牛群种源是20世纪50年代兵团老军垦战士徒步3个月从青海引进，50年来，一直放养在天山雪线以下，已完全适应了天山山区的气候和水草。然而，由于长期以来的自繁自养，近亲繁育，2002年死胎率达到6.52%、畸形率达到3.82%、繁育率仅为60%，不仅如此，成牦牛体格小，出毛率和出肉率下降。为此，当地管理者自2003年以来先后从青海、西藏和新疆的南疆地区引进种公牛（牦牛）200余头，进行品种改良，2004年繁育率提高到85%，然而，流产率明显升高。

2 抽样检疫情况

2.1 抽样

在5群牦牛中共抽取公牦牛血样128份、流产牛血样66份、后备母牦牛血样285份，共计479份。

2.2 实验室化验

对血样在实验室进行布鲁氏菌病虎红平板凝集试验；再对虎红平板凝集试验的阳性血清进行布鲁氏菌病试管凝集试验，二次试验阳性血清牛最终判定为布鲁氏菌病感染牛。

2.3 试验结果

通过虎红平板凝集试验判定为阳性的血清 66 份，通过试管凝集试验对虎红平板凝集试验中的阳性血清进行二次试验，判定的阳性血清为 58 份，不同类别的牦牛布鲁氏菌阳性率最终判定为：种公牛 14.1%、流产牛 39.4%、后备牛（3 岁）4.9%，平均阳性率 12.1%，超过 8 月龄未免疫牛布鲁氏菌病国家控制 2%的标准 10.1 个百分点（表 1）。

表 1　野牦牛布鲁氏菌检疫情况

牛群类别	受检血清数 （份）	虎红平板凝集 试验阳性数 （份）	试管凝集试验 阳性数 （份）	阳性率（%）
种公牛	128	20	18	14.1
流产母牛	66	31	26	39.4
后备母牛	285	15	14	4.9
合计	479	66	58	12.1

3　感染途径分析

检查发现，布鲁氏菌感染率较高，分析感染途径有以下几点。

（1）引进公牦牛是布鲁氏菌传入的主要途径。该山区牧场自 2003 年以来先后从不同地方引进公牦牛 200 余头。据调查，由于牦牛野性较强，在引进过程中以及合群前都没有对布鲁氏菌病进行隔离、检疫，导致并群后的第 2 年生产母牛流产率增高。

（2）自然交配是带病公牛传播病菌的重要途径。由试验可以看出，公牦牛的阳性率达到 14.1%，病公牛通过交配把病菌传给生产母牛，生产母牛感染后又把病菌传染给健康公牛和子代，这样循环感染，不采取有效措施，经过几年牦牛群可能全部被感染。

（3）流产牦牛胎儿、胎衣、羊水是病菌通过环境感染健康牛的重要感染源。在产犊季节，生产母牛流产后，其污染物在草场、水边、圈舍随处可见，不能及时发现或没有发现未能及时清理和消毒，以至于病菌污染草场、水源、圈舍，健康畜通过吃草、饮水、接触被动感染。

4 防控

（1）检疫是引进牦牛过程中不可省略的重要环节。在引种过程中，一定要先对牦牛进行隔离、检疫，被认为健康并进行一段时间的观察后方能并群。

（2）环境净化应与清群同时开展。对被污染的草场、水源、圈舍要设法与非污染区划分，在加强消毒净化的同时，防止健康畜进入污染区，特别是在牦牛转场后，要对草场进行净化，深埋流产污染物，并对场地、圈舍、围栏以及饲养员生活区、工具等进行彻底消毒。

（3）清群隔离是净化牦牛群的重要措施。牦牛不比一般的驯养家畜，虽然控制比较困难，但要控制布鲁氏菌病在牦牛群中的传播，唯一的措施就是清群，首先要制订好清群规划，制订分群实施方案，划分好隔离场和草场、水源，对在清群过程中的阴性牦牛（健康牛），一旦判定，立即注苗，阳性畜（病畜）一旦确定，立即隔离、淘汰。经验证明，所谓的"三免（连续3年免疫）、四停（第四年停免）、五检免（第5年最后一次检疫）"的防控程序对布鲁氏菌病的控制是行之有效的。

（4）加强人员自我保护，防止布鲁氏菌病感染饲养管理人员并在人畜间传播。

（本文发表于《中国动物检疫》2006年第1期）

山区天然牧场牛羊布氏杆菌病
调查与分析

布氏杆菌病是由布氏杆菌引起的人畜共患传染病，严重威胁畜牧业生产和人体健康，本病可造成牛羊大范围流产，生产性能下降，妨碍出栏牲畜调运和畜产品卫生质量安全，给畜牧业生产造成重大经济损失。为了了解天然牧场自然放牧方式下牛羊布氏杆菌病近年来的感染情况，从 2010 年到 2012 年连续 3 年对 3 个天然牧场放养的牛羊进行布氏杆菌病检疫监测、流行病学调查和分析。

牧场均位于天山深处，放养黄牛 857 头，牦牛 4 500 余头，放养阿勒泰羊和杂交绵羊 22 200 只。草场可利用面积 150 万亩左右，分冬季草场、春秋季草场和夏季草场，各草场间间隔距离大。每年 4 月初从冬草场转入春秋草场，6 月初从春秋草场转入夏草场，9 月中旬从夏草场转入冬草场，各群牛羊放牧草场相对独立。自 20 世纪 90 年代牛羊由集体所有变为私有、草场分片划为牧民使用后，牧区牲畜防疫随之放松，布病检疫工作时断时续，检疫率有所下降；母畜流产、产死胎、畸形胎等繁育率低的现象有所抬头。鉴于此，自 2010 年起，用 3 年时间对牧区牛羊进行了布氏杆菌病普检，以便掌握布病感染情况并制定有效措施进行防治。

1 材料与方法

时间：每年 6—7 月在夏牧场进行。方式：逐群检疫，全群采血，逐只打耳号，采血针上进行对应标记，每群牛羊血样用采样袋单独包装，做好标记。方法：先用布氏杆菌病虎红平板凝集试验进行筛选，阳性或可疑畜血清用试管凝集试验进行复检。标准：按照 GB /T 18646—2002 规定的技术规范和程序、判定标准进行操作，平板凝集试验的检测试剂为青岛易邦生物技术有限公司生产，批号为 20100602；试管凝集的检测试剂为青岛易邦生物技术有限公司生产，批号为 20100322。

2 结果与分析

从感染的阳性率分析（表1），近年来，牧区牛羊布病感染率有所回升。不同畜种感染率比较，牦牛的感染率最高，平均为12.8%；其次是羊，为0.69%；黄牛仅为0.23%。按国家布病防治技术规范，试管凝集试验阳性率：羊0.5%以上，牛1%以上为疫区，理论上已超过疫区划定标准。分析原因，一是布病防治工作不如以前。自从牧区牲畜作价归户，草场分户后，布病检疫放松，检疫工作时断时续，走于形式，常年不检、漏检，致使病畜不能被及时发现处理，从而感染健康畜，造成快速传播。二是检疫出的带菌畜不能按规定处理，只检疫不淘汰。近年来，由于牧区牲畜出售价格较高，病畜处理又没有补贴，因此，扑杀较困难。三是不断引进公畜，合群前疏于检疫，带菌公畜通过交配快速传播。四是自身管理差，消毒措施没有，母畜流产物污染草场、圈舍，引起健康畜接触感染。黄牛感染率较低，主要是黄牛饲养量少，分散，每家每户仅养1~3头。牦牛感染率持续较高，主要原因是其野性强，难控制，检疫难度大。

不同牧场羊的感染情况不同（表2），二牧场感染率最高，为1.09%；其次为三牧场，为0.94%；而一牧场为0。而且二、三牧场感染率还在逐年上升，上升的速度较快，如果不能及时进行控制，造成的损失将越来越大。在调查中还发现，不同群的感染情况也有所不同。

表1 不同畜种布病检测结果

监测年份	监测数量（份）			阳性数（份）			阳性率（%）		
	羊	黄牛	牦牛	羊	黄牛	牦牛	羊	黄牛	牦牛
2010	8 802	146	1 589	35	1	207	0.4	0.68	13.2
2011	8 391	368	2 039	58	1	296	0.67	0.27	14.5
2012	5 020	374	883	61	0	75	1.21	0	8.49
合计	22 213	888	4 511	154	2	578	0.69	0.23	12.8

表2 不同牧区羊检测结果

年份	监测数量（份）			阳性数（份）			阳性率（%）		
	一牧场	二牧场	三牧场	一牧场	二牧场	三牧场	一牧场	二牧场	三牧场
2010	970	3 780	4 052	0	8	27	0	0.21	0.67
2011	600	3 961	3 830	0	11	47	0	0.28	1.23
2012		5 020			61			1.21	
合计	1 570	12 761	7 882	86	74	0		1.09	0.94

3 讨论

通过检疫净化畜群、牧区牛羊普检，对检出的阳性畜强制进行扑杀，对感染率较高的畜群，要反复进行检疫，每次检疫间隔 30d 左右，直到最后 1 次检疫不出现阳性畜为止。

进行免疫接种，主要是针对二牧场和三牧场。所用疫苗，羊可选用布病 S2、M5 号苗，牛可选用布病 S19、S2 号苗。用 M5 号苗和 S19 号苗虽然分别对羊和牛效果好于用 S2 号苗，但为了不引起怀孕畜流产和达到 100% 的免疫密度，用 S2 号苗进行口服怀孕畜是必要的。羊 3 月龄以上可实行"免二停一，三检疫"，即连续免 2 年，停 1 年，第 3 年检疫。若检出的阳性率在控制标准（0.5%）以上，则继续实行"免二停一，三检疫"措施；若低于控制标准，则每年实行检疫淘汰措施。牦牛由于免疫前全群普检较困难，直接进行全群免疫，至少连续免疫 5~8 年，待第 1 批免疫牦牛被新生牦牛替代后停免，停免后 18 个月进行检疫，淘汰阳性牛。

控制引种，严格检疫，加强消毒，分群分片管理。对引入的种畜要在引种地和目的地进行 2 次以上检疫，经几次检疫均健康的牲畜免疫接种后 15~20d 再混群。对流产胎儿、污物要及时清除并消毒，防止污染草场。草原放牧要严格分群分片管理，可根据每群每户所划分的草场独立有次序的放养。无论在冬草场还是在夏草场，每群畜独立放牧，可防止疫病交叉传播。有次序的放牧，一方面，有利于草场的科学使用、减少草场被病菌污染面积；另一方面，也有利于使用过的草场经过较长时间，在自然环境和太阳紫外线的照射下病菌自然灭亡，从而使天然草场得到一定程度净化。

对牧区牧民、兽医和行政管理人员的健康状况进行调查很有必要。在牧区加强对布氏杆菌病防治措施的宣传，提高个人的自我防护意识，防止布病由畜传给人，避免人间布病的流行。加强对流通环节的检疫监管，防止病畜逃避扑杀，流入市场，造成疫病的扩散。由于在同一环境下还生活着野生马鹿、黄羊及其他野生动物，没有对这些野生动物进行布病调查，因此草原野生动物和放养牛羊之间布病的传播关系尚不清楚。

（本文发表于《畜牧与兽医》2013 年第 9 期）

奶牛养殖区布鲁氏菌病
预防效果调查分析

摘　要:［目的］检验 S19 号疫苗的预防效果。［方法］用 S19 号疫苗对未孕母牛进行接种, 然后用琥红平板凝集试验监测。［结果］不同个体免后 4~5 个月的转阳率 55.8%, 免疫后 6~8 个月的转阳率 63.5%, 免疫后 11~12 个月的转阳率 57.5%, 同一养殖区内注苗后的转阳率平均 57.7%, 未注苗的自然感染率达到 16.2%。［结论］调查结果表明疫苗免疫对奶牛布病预防有一定效果。

关键词:奶牛; 布鲁氏菌病; 预防; 效果

利用琥红平板凝集试验对一奶牛养殖区内 84 户 745 头奶牛进行布鲁氏菌病(简称布病)免疫后的抗体与感染抗体进行监测, 疫苗免疫后抗体阳性率平均 57.7%, 自然感染率阳性率 16.2%, 对 8 日龄以下牛犊进行布病血清监测, 感染后的阳性率为 6.25%。

1　监测方案和监测方法

对成母牛(≥8 月龄)与未成年牛(<8 月龄)同时采血监测, 记录牛的年龄、免疫时间。分离血清后统一进行琥红平板凝集试验, 记录试验结果。免疫用疫苗为新疆天康畜牧生物技术股份有限公司生产布病活疫苗 A19 号, 免疫月龄为 3~8 个月, 皮下注射 3 亿~10 亿 CFU 活菌, 免疫次数为 1 次, 琥红平板凝集试验采用 GB/T 18646—2002 方法及要求操作, 平板凝集试验试剂为青岛易邦生物技术有限公司生产, 批号为 20100602。

2　监测结果

2.1　8 月龄及以下犊牛感染情况与免疫效果

8 月龄及以下犊牛感染情况与免疫情况详见表 1。

表1　小于8月龄犊牛感染情况与免疫效果表

免疫犊牛（头）			免疫抗体阳性率（%）	未免疫犊牛（头）			感染抗体阳性率（%）
阳性（+）	阴性（−）	合计		阳性（+）	阴性（−）	合计	
3	5	8	37.5	6	90	96	6.25

犊牛免疫抗体阳性率为37.5%，感染抗体阳性率为6.25%。

2.2　8月龄及以上成年母牛感染情况与免疫效果

8月龄及以上成年母牛感染情况与免疫情况详见表2。

表2　大于或等于8月龄成母牛感染情况与免疫效果表

免疫成母牛			免疫抗体阳性率/%	未免疫成母牛			感染抗体阳性率/%	平均免疫率/%
阳性（+）	阴性（−）	合计		阳性（+）	阴性（−）	合计		
224	164	388	57.7	41	212	253	16.2	60.5

成母牛免疫抗体阳性率为57.7%，感染抗体阳性率为16.2%。

2.3　不同个体、不同时期血中抗体表现

详见表3。免疫后4~5个月抗体阳性率为55.8%，6~8个月抗体阳性率为63.5%，免疫后11~12个月抗体阳性率为57.5%（不同时期监测的牛没有连续性）。

表3　不同个体、不同时期血清中抗体表现

监测时间	免疫后11~12个月				免疫后6~8个月				免疫后4~5个月			
免疫效果	阳性（+）	阴性（−）	合计	抗体阳性率/%	阳性（+）	阴性（−）	合计	抗体阳性率/%	阳性（+）	阴性（−）	合计	抗体阳性率/%
	88	65	153	57.5	40	23	63	63.5	96	76	172	55.8

3　预防效果分析

（1）对8月龄以下犊牛布病自然感染情况进行监测，阳性率达到6.25%，说明在布病感染比较严重的环境里，即使不采取任何隔离措施，多数犊牛对布病也有一定抵抗力，因为牛对本病的易感性随着性器官的成

熟而增强，因此布病首次免疫时期选择在 3~6 月龄较合适。但是，通过本次试验也说明了 8 月龄以下犊牛感染布病的可能性仍然存在，在自然感染的 6 头犊牛中，其中 2 月龄犊牛血清阳性的有 2 头，6~7 月龄血清阳性的犊牛有 4 头，而免疫后的犊牛 5~7 月龄时监测，免疫抗体阳性率只有 57.5%，血清中抗体表现较低。

（2）成母牛免疫抗体的阳性率为 57.7%，自然感染的阳性率达到 16.2%，而成母牛的免疫率仅达到 60.5%，免后抗体阳性率较低，说明用布病 A19 号苗免疫奶牛，血中抗体表现不高，这可能与疫苗的免疫原性，单位活菌量、不同个体以及机体在不同阶段对疫苗的免疫应答能力等有关。免疫密度较低是因为不能及时对犊牛、怀孕后的母牛进行补免。由于 A19 号苗不对孕牛免疫，免疫牛与非免疫牛混群，对怀孕期母牛造成潜在威胁，这种免疫的空档造成了自然感染率的上升。

（3）通过对不同个体、不同免疫时期免疫效果监测，免后 4~5 个月抗体阳性率为 55.8%，免后 6~8 个月，抗体阳性率为 63.5%，而免疫后 11~12 个月，抗体阳性率为 57.5%，A19 号疫苗抗体阳性率平均为 57.7%，一方面说明了用 A19 号苗在免疫后的一年内血中抗体峰值较稳定，另一方面也说明血中抗体峰值相对表现较高时期在免后的 6~8 个月，根据抗体在一年内的衰变规律，A19 号苗一旦免疫成功（血中抗体表现阳性），其免疫期至少在一年以上。详见图 1。

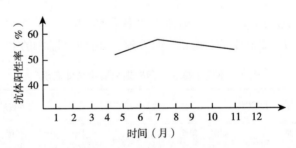

图 1　免疫抗体变化曲线

4　讨论

（1）据报道，用琥红平板凝集试验监测血中布病抗体，可能会出现假阳性与假阴性的现象，这种现象也有可能对评价整个养殖区内布病的预防效果造成影响，但是，由于这种概率较小，监测数量又较大，因此，用平板凝集试验也可以粗略分析、评价预防的效果，如果要进一步准确监测，需继续做试管凝集等试验，但是，这两种试验对免疫抗体和感染抗体都难以做出正确判定，因此，本次监测出的阳性牛是免疫牛，还是感染牛没能做鉴定。

（2）利用疫苗预防奶牛布病，必须先清群，再免疫，免疫密度必须是100%，否则，感染牛作为传染源始终对非免疫牛构成威胁。其次，对养殖区、牛群一旦实行免疫就应有连续性，不能间断，特别是对清群不彻底的牛群，应连续免疫到老牛被新牛替代为止。由于A19号苗不能免疫怀孕牛，所以，为了防止孕牛感染，应把免疫牛与非免疫牛隔离饲养，一旦孕期过后，应立即补免。而对犊牛的免疫应做到及时有效，本次监测未能对犊牛母源抗体及免疫后抗体变化的连续性及时监测，未能对免后抗体阳性或阴性牛的布病发病情况进行跟踪调查。由于血液中免疫抗体的变化，对免后监测的时间、阴性牛的补免时间尚难确切判定，而单从本次监测分析，免后6~8个月时监测，阳性率最高，这时监测出的阴性牛，应进行补免。其次。根据A19号疫苗的说明，在3~8月龄一次免疫后的18~20月龄再接种一次，效果会好。

（3）由于布病疫苗的局限性，预防布病应实行综合性预防措施，仅靠免疫接种，达不到控制的效果；其次，提倡科学养牛，加强饲养管理，提高奶牛机体的抗病能力。加强环境消毒，防止相互间的感染。奶牛由于新陈代谢较快，特别是对于高产奶牛，饲草料营养要全面稳定，减少管理中的各种应激。对奶牛流产物、死胎等要及时处理、消毒，禁止喂犬，防止由狗作为中间环节传播牛和人。对挤奶器的消毒、乳房的清洗应做到一次一头，单独使用物品，不漏过程序，防止交叉传染，防止带菌乳汁传播。

（4）购牛是引起布病传染的主要原因。由于布病牛的扑杀标准低，存在扑杀难的现象，检出的病牛相互转卖，使疫源不断扩大，而在同群中布病的传播速度也较快，因此，应加强流通环节的监管，及时清群。作为养殖区、养殖场应做到"自繁自养"，不得不购牛时，对新购牛应实行先隔离，隔离后，再实行"二检一免"制，即两次布病检疫（相隔1个月）阴性后，再免疫，免疫半个月以上再混群。

（5）布病是人畜共患病，对人员布病的调查，特别是养殖区内饲养人员、兽医人员未做进一步体检，加强对人员防护、切断由动物向人传播是预防动物布病的关键。

（本文发表于《中国牛业科学》2011年第6期）

奶牛布鲁氏菌的监测与分离鉴定

摘　要：本试验采用 SAT 方法对乌鲁木齐地区某牛场进行了布鲁氏菌病监测，对阳性奶牛的乳汁进行细菌分离培养，用 VirB8-PCR 方法对分离株 VirB8 基因进行扩增鉴定。结果表明，2 个分离株均为布鲁氏菌，布鲁氏菌分子分型 PCR 的鉴定结果显示，该牛场感染的自然菌株为布鲁氏菌牛种（3b、5、6、9 型）。

关键词：牛乳；布鲁氏菌；分离鉴定

布鲁氏菌可感染牛、羊、猪、犬等动物，也可感染人，是一种人畜共患病，人布鲁氏菌病主要是因接触或食用了带菌动物的肉或产品而引起，因此，对畜布病的预防和控制尤为重要。近年来，由于奶牛饲养规模的扩大，奶牛布病感染率有所提高，本研究利用 STA 检测方法对乌鲁木齐地区某一牛场的青年牛和产奶牛进行布病随机抽检，对阳性（抗体效价大于 400）产奶牛的奶样进行细菌分离，采用 PCR 技术对分离培养的布鲁氏菌进行鉴定，为有效防治奶牛布病提供科学依据。

1　材料与方法

1.1　试验动物

乌鲁木齐地区某牛场的荷斯坦牛，该牛场奶牛存栏 1 000 头，散栏饲养，有孕牛流产情况，连续 2 年用 SAT 方法检疫，阳性率均超出国家标准 1%，为了控制布病的流行，2012 年初开始对该场 3~6 月龄小牛进行布病 A19 号苗免疫，产奶牛用 S2 号苗口服，免疫后流产率明显下降。

1.2　菌株

布鲁氏菌国际标准菌株 2308、羊种 16M 标准菌株、国内疫苗株牛种 A19 由新疆畜牧科学院兽医研究所布病室保存。

1.3　试剂

SAT 检测试剂购自青岛易邦生物工程有限公司；布氏琼脂培养基
（BBLTM Brucella Agar）和 TS 液体培养基均购自 Becton and Dickinson 公司；
改良布鲁氏菌选择添加剂（OXOID Ltd.）、PCR 所用试剂购自北京庄盟生物
有限公司；引物由上海生工生物工程技术服务有限公司合成。

1.4　血清学检测

按一定比例随机采取成母牛和青年牛的颈静脉血样，采用 SAT 方法，按
照 GB/T 18646—2002 规定的技术规范和程序、判定标准进行操作。

1.5　细菌培养

采集 SAT 检测为阳性成母牛［抗体效价（1∶200）～（1∶800）］的牛
乳样品 4 份。将冻融的奶样混匀，取 300μL 奶样接种于含布鲁氏菌添加剂的
布氏琼脂培养基上，置 37℃含 5% CO_2 的培养箱中，观察菌落生长情况。

1.6　菌属 PCR 鉴定

挑取培养基上疑似布鲁氏菌菌落，置于含 500μL TS 液体培养基的 Ep-
pendorf 管中，37℃孵育 24h 后 100℃煮沸 10min，离心后取上清液作为 PCR
模板，采用 VirB8-PCR 方法扩增布鲁氏菌的 VirB8 基因并进行布鲁氏菌属
鉴定。

1.7　种型 PCR 鉴定

采用 AMOS-PCR 方法，组合布鲁氏菌插入序列 IS711、牛种（1、2、4、
3a 型）、牛种（3b、5、6、9 型）3 个引物，优化 PCR 反应条件。以 94℃
5min；94℃ 60s、60℃ 90s、72℃ 60s，40 个循环；72℃延伸 10min 为 PCR 反
应参数，对布鲁氏菌分离株进行种型鉴定。

2　结果

2.1　检测结果

SAT 检测结果见表 1、表 2。

表 1　成母牛布鲁氏菌的检测结果

序号	奶牛编号	采样时间	检测时间	SAT 检测结果
1	10040			<1∶25
2	10044			<1∶25
3	0964			1∶25
4	09112			1∶200
5	0940	2012 年 12 月 10 日	2012 年 12 月 11 日	<1∶25
6	0911			>1∶400
7	10010			>1∶400
8	0961			1∶50
9	10014			1∶400
10	0966			<1∶25

表 2　青年牛布鲁氏菌的检测结果

序号	奶牛编号	采样时间	检测时间	SAT 检测结果
1	10080			1∶100
2	11068			<1∶25
3	10125			1∶25
4	11054			>1∶400
5	11085	2012 年 12 月 10 日	2012 年 12 月 11 日	<1∶25
6	11056			<1∶25
7	11009			<1∶25
8	11069			<1∶25
9	11051			1∶25
10	11081			<1∶25

2.2　细菌分离培养

将奶样接种于含布鲁氏菌添加剂的布氏琼脂培养基上培养 4d 后，有 2 份培养基上生长出 0.5~2.0mm 大小无色、闪光圆形、湿润、凸起的疑似小菌落。2 份样品的牛号分别为 0911 和 10010，SAT 检测结果均>1∶400。结果见图 1。

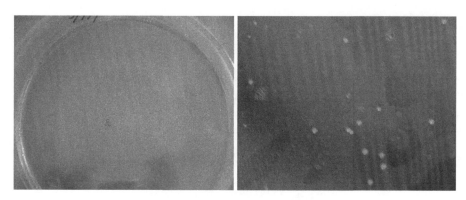

图1 牛乳中布鲁氏菌分离培养

2.3 菌属 PCR 鉴定

应用 VirB8-PCR 方法对疑似布鲁氏菌的 VirB8 基因进行 PCR 鉴定，以 2308 标准株、灭活的 A19 疫苗株、羊种 16M 标准株和水分别为阳性对照和阴性对照。结果显示，2 个分离株均扩增出 713bp 的特异性片段，与布鲁氏菌 2308 标准株、灭活的 A19 疫苗株、羊种 16M 标准株作为阳性对照的目的片段一致，表明 2 个分离株均为布鲁氏菌属，而阴性对照未扩增出片段，结果见图 2。

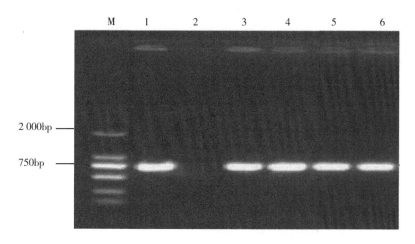

M. DL2000Marker；1. 2308 标准株；2. 阴性对照（H_2O）；

3. A19 疫苗株；4. 16M 标准株；5~6. 分离疑似菌株

图2 布鲁氏菌分离株的 VirB8-PCR 鉴定电泳图

2.4 种型 PCR 鉴定

应用 AMOS-PCR 方法对 VirB8-PCR 阳性布鲁氏菌分离株进行种型鉴定,以羊种 16M 标准株、灭活牛种 A19 疫苗株和水分别为阳性对照和阴性对照。结果表明,牛种布鲁氏菌(1、2、4、3a 型)扩增出 498bp 的特异性片段,牛种布鲁氏菌(3b、5、6、9 型)扩增出 1 700bp 的目的片段,羊种布鲁氏菌(1、2、3 型)扩增出 713bp 的目的片段,样品 4、5 扩增出 1 700bp 的目的片段,说明该布鲁氏菌为(3b、5、6、9 型),结果见图 3。

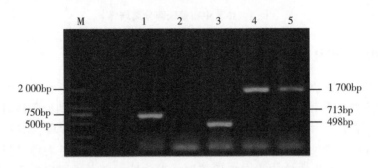

M. DL2000 Marker;1. 羊种 16M 标准株;2. 阴性对照(H$_2$O);

3. 牛种 A19 疫苗株;4~5. 分离疑似菌株

图 3　牛乳中布鲁氏菌分离株生物型的 AMOS-PCR 鉴定

3　讨论

利用 PCR 技术对阳性布鲁氏菌分离株进行种型鉴定,确定新疆乌鲁木齐地区该牛场布鲁氏菌感染种型主要为牛种(3b、5、6、9 型),而牛种布鲁氏菌 19 号疫苗株主要具有牛种布鲁氏菌(1、2、4、3a 型)特征,这对该地区布病的预防和控制具有极强的指导意义。

本次试验无论用 A19 号疫苗免疫犊牛还是用 S2 号疫苗免疫成母牛,采用 SAT 方法检测效价较低或难以测到,而免疫牛乳中也没有检出布鲁氏菌株,一方面说明健康牛活苗免疫后乳中是否排菌有待进一步研究,另一方面说明疫苗免疫后,虽用 SAT 方法较难检测到血清抗体,但疫苗是否对成年牛起到一定保护作用有待进一步研究。可以确定的是,自然感染牛采用 SAT 方法检测血清效价较高,感染牛也可通过牛乳排菌,影响奶制品安全。

采用 SAT 方法检测牛血清,阳性滴度较高(>1:200)的牛,可怀疑自

然感染株的存在。采集对应牛的乳汁进行生物培养鉴定，比采集流产组织病料简单、准确、安全，因为正常乳中细菌种类较多，可从自然感染后试验凝集阳性牛的乳汁中培养分离到布鲁氏菌，再用种型 PCR 做进一步鉴定。

（本文发表于《中国奶牛》2013 年第 9 期）

新疆北疆地区不同奶牛群布氏杆菌感染情况调查

摘　要： 采用琥红平板凝集试验（RBPT）与试管凝集试验（SAT）方法，对2011年4月新疆北疆地区 A、B 两个规模牛群布氏杆菌病进行检测，阳性率分别为 0 和 6.8%。相隔 25d 后对阳性牛再用试管凝集试验方法进行复查，2 次试验结果一致率 93%。30d 后对受威胁牛再次进行全群布病复检，阳性率为 1.06%。通过流行病学调查，流产牛中的布病感染率 45.1%。

关键词： 奶牛；布氏杆菌病；调查

布氏杆菌病（简称布病）是由布氏杆菌引起的一种人畜共患传染病，该病不但可以造成患病奶牛生育、生产水平下降，而且更严重的是可由动物传染给人，影响人类健康。布病分为牛、羊、猪、绵羊、犬、沙林鼠 6个种，其中牛种、羊种传染性较强，对人类造成的危害较大，在所有易感染动物中，奶牛及产品由于与人类接触较为密切。因此，对奶牛群布病的检疫净化显得特别重要，国家要求每年进行布病监测，对奶牛群布病监测要求是试管凝集试验的检出率≤1%，然而由于防疫、检疫、消毒及环境等多方面因素影响，奶牛布病感染率有所上升。本文通过对新疆北疆地区 2个规模牛群布病的检疫与调查，分析布病感染途径，提出预防措施供，参考。

1　材料与方法

1.1　牛群管理与结构

被调查的 2 群奶牛 A 群与 B 群，均为荷斯坦奶牛，相对封闭饲养，独立管理，且 2 群牛饲养相距 50 公里以上，A 群牛为拴栏式饲养，奶牛是从德国引进的后裔，多年来，一直自繁自养，只出不进，机器挤奶；B 群牛为散栏式饲养，挤奶厅集中挤奶，牛群结构分为三部分，一部分是由当地一奶牛场

集体购入，一部分从南疆购入，还有一部分是从天津购入。

1.2 检疫方案

对两群 8 月龄以上青年牛与成年牛采血，先用琥红平板凝集试验（RBPT）进行筛选，选出的阳性牛与可疑牛血清再用试管凝集试验（SAT）进行复查，对复查出的阳性牛立即进行隔离，隔离 25d 后，重新采血，利用试管凝集试验（SAT）再次进行复检，对复检出的阳性牛与可疑牛进行扑杀，对同群受威胁的假定健康牛再用平板试管凝集试验进行 1 次筛选，对筛选出的阳性牛与可疑牛再用试管凝集试验进行复查，对复查出的阳性牛进行扑杀，对复查的阴性牛进行隔离，30d 后复检，复检后的阳性或者可疑牛进行扑杀。

1.3 监测试剂及方法

按照 GB /T 18646—2002 规定的技术规范和程序、判定标准进行操作。平板凝集试验的监测试剂为青岛易邦生物工程有限公司生产，批号：20100602，产品保质期 18 个月；试管凝集试验的监测试剂为青岛易邦生物工程有限公司生产，批号：20100322，产品保质期 18 个月，监测时间：2011 年 4 月 8—28 日。

2 结果与分析

对新疆北疆地区不同奶牛群布病感染情况进行调查，结果见表 1 至表 4。

从表 1 可以看出，SAT 复检阳性率 A 群为 0，B 群为 6.8%，2 群合计阳性率为 5.3%，两种试验的一致率 96.6%。采取措施：对 B 群检疫出来的阳性牛与可疑牛立即进行隔离，对受威胁的同群牛（阴性）舍、活动场地进行消毒。

从表 2 看出，第二次试管凝集试验对隔离的阳性牛与可疑牛进行采血复检一致率为 93%。采取措施：将阳性牛与可疑牛立即进行扑杀。

从表 3 看出，对受威胁牛（同群阴性牛）再进行检疫净化，先用琥红平板凝集试验筛选，再用试管凝集试验复检，复检阳性率 1.06%，RBPT 与 SAT 一致率为 86%。采取措施：对复检出的阳性牛进行扑杀，阴性牛隔离 30d 后复检。

从表 4 看出，A 群流产率 0.95%，B 群流产率 3.9%。

表1　第一次琥红平板凝集试验与试管凝集试验监测结果　　（单位：头）

牛群	监测数	RBPT 初检			SAT 复检			SAT 复检阳性率（%）	两种试验的一致率（%）
		阳性数	可疑数	阴性数	阳性数	可疑数	阴性数		
A	224	0	1	223	0	0	1	0	
B	809	55	3	751	55	2	1	6.8	
合计	1 033	55	4	974	55	2	2	5.3	96.6

表2　第二次试管凝集试验对隔离的阳性牛与可疑牛进行采血复检情况

（单位：头）

牛群	与第一次采血相隔时间/d	复检头数	阳性数	可疑数	阴性数	复检一致率（%）
B	25	57	47	6	4	93

表3　对受威胁牛（同群阴性牛）再次进行检疫净化情况　　（单位：头）

牛群	监测数	RBPT			SAT 复检			复检阳性率（%）	RBPT 与 SAT 一致率（%）
		阳性数	可疑数	阴性数	阳性数	可疑数	阴性数		
B	751	12	2	737	8	4	2	1.06	86

表4　上年度牛群流产情况调查

牛群	调查时间	成母牛头数	流产数	流产月份	流产胎次	流产率（%）	流产牛布病牛数
A	2010—2011 年初	210	2	2011.2	1	0.95	0
B	2010—2011 年初	781	31	2011.3	1~4	3.9	14

　　两牛群比较，A 群布病感染率为 0，成母牛过去一年的流产率为 0.5%，而 B 群牛布病感染率为 6.8%，成母牛过去一年的流产率达到 3.9%，虽然引起流产的原因较多，对流产牛也没有做进一步的诊断，但是 B 群流产牛中布病监测阳性牛占到 45.1%，全群布病牛的流产率达到 1.2%，因此说明，布病是引起 B 群牛流产的重要原因之一；其次，两群牛布病监测感染率高低有明显差异，进一步说明布病的预防与牛群结构的变动、管理及防疫检疫有关。A 群牛长期坚持自繁自养，只出不进，特别是长期坚持每年布病检疫 2 次，发现阳性与可疑牛坚决清群，加上科学的管理，严格的防疫从而保证牛群的净化效果。

　　对阳性与可疑牛在隔离后 25d 再进行试管凝集复查，阳性一致率达到 93%，有 7% 牛复查转为阴性。一方面，可能与诊断液的敏感度、试管凝集试验的特异性等有关；另一方面，可能与血中布病感染后的抗体变化有关，因为布氏杆菌是一种胞内寄生感染菌，血清学方法监测受血中抗体变化的影响，会出现假阳性或者假阴性的结果。但通过试验这种结果比例较小，只要定期反复检疫，仍可达到相对净化的目标。

对同群受威胁牛 30d 后再进行一次全面复查，阳性牛的检出率达到1.06%。一方面，说明用琥红平板凝集试验筛选，再用试管凝集试验复查，不但可能存在假阳性，假阴性也可能存在；另一方面，也说明血中抗体的变化，也是造成这种可能存在的原因之一；其次处于潜伏期的牛以及同群阳性牛未能及时清群或者清群后未能及时有效地进行消毒，在短时间内造成新的感染。

琥红平板凝集试验作为初次筛选布病较为简单的常用方法，通过本次试验，其结果的准确率达到91.3%（2次平均），对今后牛群布病净化有一定借鉴。

3 讨论

布病传播的途径较多，包括消化道、呼吸道以及分泌物、排泄物等，同群牛中一旦出现病牛，由病牛传染给健康牛的速度较快，往往是第一次检疫出阳性牛后，哪怕只有一头，如果不及时清群，相隔半年再检疫就会增加至多头甚至成倍感染，因此，检疫净化牛群是必须的，检疫出的阳性牛必需及时处理。

采用琥红平板凝集试验筛选再用试管凝集试验复查，虽然相对简单易于操作，基层防疫部门都可以做到，但由于假性结果的存在，从而需要反复多次检疫才能达到净化牛群的目的。因此，对于规模牛群建议布病净化程序为：检疫—清群—再检疫—再清群，直到"零"检出为止。"零"检出后，实行连续每年监测，如果有一年出现一头阳性牛就必须全群复检，具体是：第一次用琥红平板凝集试验筛选阳性牛，再用试管凝集试验复查，复查出的阳性牛扑杀，可疑牛隔离，隔离 30d 后再复查，若仍为可疑，进行扑杀。对同群受威胁牛，30d 后须第二次全面检疫，方法与第一次一样，先用琥红平板凝集试验筛选阳性牛，再用试管凝集试验复查，阳性牛扑杀，阴性牛隔离待复查。若第二次仍检出了阳性牛，那么 30d 后还需要第三次全群检疫，直到阳性牛"零"检出为止，"零"检出以后每年定期监测，基本可以起到净化牛群，控制布病的目的。

对于净化的牛群，最好实行"自繁自养"，牛群变动采取"只出不进"，不要随便从场外购买牛。同群牛要保持稳定，确实要购牛或者合群，对新购的牛隔离时间应更长一些，而且用血清学方法全面、反复（2~3次）检疫，每次检疫相隔1个月，特别不能相信只用1次平板凝集试验监测为阴性后，确定全群的牛为健康牛。

加强饲养管理与卫生消毒工作。全价、稳定、优质的饲草料是提高奶牛免疫力和生产性能的前提，奶牛特别是高产奶牛对饲草料的质量变化特别敏感，劣质饲草料可引起抵抗力下降；其次连续多天的长途转运对牛体的应激不可忽视，特别是在严冬或炎热季节跨省调运奶牛，往往是在起运地奶牛检疫为健康牛，而到目的地后却出现异常情况。对净化牛场的消毒工作，应把好进场物资、人员、车辆等消毒关，把好产房卫生消毒关，把好挤奶厅、挤奶器的消毒关，确实做到流产牛的无害化处理及被污染场地的有效消毒，严禁饲养员、挤奶员，特别是产房接生员相互串舍。

长途贩运、全群消毒不严、清群不彻底等都是造成奶牛群布氏杆菌快速感染的主要原因，坚持对奶牛群每年2次的检疫，淘汰阳性牛，改善奶牛群的环境，提高奶牛的体质是预防和控制布病的有效措施。

（本文发表于《畜牧与兽医》2012年第2期）

养殖小区奶牛布鲁氏菌病调查与对策

摘 要：运用琥红平板凝集试验（RBPT）和试管凝集试验（SAT）的方法，对 A、B、C 三个养殖区奶牛布鲁氏菌病进行检测调查，布病感染率分别达到 13.6%、0.7%、10%，通过对流产流行病学调查，流产率分别为7.1%、1.3%、4.7%，而流产牛的布病感染率分别为 47.2%、16.7%、40.0%，流产率与布病感染率上升成正比。奶牛流动、检疫清群、消毒等与布病控制有关。

布鲁氏菌病（简称布病）是由布氏杆菌引起的一种人畜共患传染病，不仅可疑造成奶牛不孕、流产等，使奶牛生产水平下降、经济效益降低，而且影响人类健康。近年来，由于奶牛业的发展，布病防控措施中问题凸显，奶牛感染率有所上升，特别是奶牛养殖小区，由于管理与预防措施不能执行到位，布病带来的损失越来越大。本文通过对 3 个奶牛养殖小区布病的流行病学调查，提出奶牛养殖小区防控布病的措施，供参考。

1 调查方法和手段

对 3 个养殖区 8 月龄以上奶牛进行布病检疫，在采血的过程中，对上一年度成母牛的流产情况进行调查。布病检疫先用琥红平板凝集试验筛选阳性牛，再对阳性牛运用试管凝集试验复查。对流产奶牛的调查，主要包括每群牛流产数、牛号、流产胎次、胎龄、季节等。血清学检测的诊断试剂均为青岛易邦生物工程有限公司生产，并在有效期内，检测方法依照 GB/T 18646—2002 操作与结果判定，调查采取询问形式，但没有对流产原因进行确诊。

2 养殖区流产与布病检测结果

对养殖区流产与布病检测结果详见表 1 和表 2。

表 1　流产调查结果

养殖区	成母牛数（头）	流产数（个）	流产胎次	流产胎龄（月）	流产月份（月）	流产率（%）	流产牛布病感染数（个）	流产牛的布病感染率（%）
A	506	36	1~2	4~8	3~4	7.1	17	47.2
B	1 411	18	1~2	7~8	3~4	1.3	3	16.7
C	320	15	1~3	5~7	3~4	4.7	6	40.0
合计（平均）	2 237	69	1~3	4~8	3~4	3.1	26	37.7

表 2　布病检疫结果　　　　　　　（单位：头）

养殖区	检疫数	平板凝集试验阳性数与可疑数	试管凝集试验			两种试验阳性一致率（%）	阳性率（%）
			阳性数	可疑数	阴性数		
A	550	26	75	8	3	96.5	13.6
B	1 434	24	10	3	11	54.0	0.7
C	329	35	33	0	2	94.0	10.0
合计（平均）	2 313	145	118	11	16	89.0	5.1

3　结果分析

（1）各养殖小区的流产率与布病阳性率成正比，即阳性率高的养殖区，流产率也高，流产率与阳性率最高的为 A 区，分别为 7.1%与 13.6%；最低的为 B 区，分别为 1.3%与 0.7%；C 区为 4.7%与 10%。流产率与阳性率不一致，说明引起流产的原因较多，不一定都是由布病引起，而感染后的布病牛也不一定每胎都流产。

（2）流产多发生在第 1~3 胎，特别是在第 1~2 胎次，说明成母牛感染布病有可能较早，布病病原在体内伴随着奶牛性器官的成熟而表现出症状，本次调查也有经产奶牛发生流产，但不清楚布病最初感染的时间。调查发现连续流产的较少，监测出的阳性牛虽然上胎没有流产，但有流产史，这与资料介绍奶牛感染布病后，最初表现流产症状，以后不一定表现流产的报道基本一致，然而排菌现象却一直存在。流产胎次以 5~7 月龄最多，基本在怀孕的中后期。流产主要发生在每年 3~4 月，原因是这个时期新疆外界冰雪融化，舍内外湿度较大，特别是运动场沉淀了一个冬天的牛粪和雪水，严重的时候浸到牛的膝盖上下，冰冷的雪（粪）水对孕牛的刺激较大，加上这个时期饲料营养跟不上，对孕牛特别是患有布病的奶牛的流产起到促进作用，在调查流产症状的同时，结合布病检疫，查明37.7%流产奶牛与感染布病有关。

（3）从布病检疫结果分析，A区属于重感染区，其次是C区，B区布病防控较好，分析原因，主要是由于A、C两区牛群买卖变动较频繁，进出养殖区的奶牛又疏于严格检疫，而集中挤奶，消毒不严又加速了布病的传播。其次，养殖区管理混乱，不按时检疫，检出的阳性牛又难以扑杀，布病牛又相互转卖，从一个地区到另一个地区，从一个养殖区到另一个养殖区，使得疫源越来越多，感染率越来越高，控制难度越来越大。而B养殖区养牛历史较长，牛群较稳定，自繁自养，卖多购少，牛群中的牛基本上是"只出不进"，加上连续多年不间断检疫，每年检出的阳性牛又能及时处理，所以，感染率较低。

（4）本次监测，琥红平板凝集试验与试管凝集试验的一致率平均达到89%，说明平板凝集试验的假阳性在10%左右，而从检测结果看，阳性牛多集中在一个养殖区的几户养牛舍，最高的饲养26头成母牛，检出阳性牛23头，感染率达到88%，原因是半年前检出的阳性牛未能及时清群处理，病牛与健康牛混居，病牛粪便、分泌物等污染环境，如口水污染水槽，乳汁污染挤奶器等，造成布病在牛群中快速传播。

4　对策

（1）B区布病感染率0.7%，低于国家规定的1%标准（试管试验），因此，建议加强防疫管理，继续采取每年两次对8月龄以上奶牛进行普检，年年检疫，年年清群，对检出的阳性牛进行扑杀。而A、C两养殖区由于感染率较高，扑杀经济损失大，难以开展，因此，建议通过申请后进行免疫接种。布病活疫苗有三种：S19号苗、S2号苗与M5号苗三种。S19号苗适用于牛，但怀孕牛不可免疫，仅用于3~6月龄牛免疫，皮下注射3亿~30亿活菌免疫，一免后一年进行二免，二免后18个月采取检疫措施，对未达到控制区标准的牛群，淘汰阳性牛后继续连续免疫2年，再检疫直到达到标准为止。对于未实施全群检疫或者难以实施全群检疫的牛群，应至少连续免疫3~5年，待第1批免疫牛被新生牛替代后，方可停止免疫。停止免疫后18个月抽检，若未达到控制标准，则应继续免疫。S2号活疫苗为"广普"疫苗，可用于牛、羊、猪，安全性最好，还可用于孕畜免疫，S2号苗免疫途径是口服，牛口服500亿活菌，6月龄以上牛（包括孕牛）每年免1次，连续2年，二免后18

个月开始检疫，淘汰阳性牛，若仍未达到控制标准，则应继续实施连续2年免疫，再检疫再淘汰。难以实施全群检疫的牛群可以不检疫，但免疫至少连续3~5年，待老牛被新生牛替代后，停止免疫，停免后18个月检疫，淘汰阳性牛，若达不到控制标准，则应继续连续免疫、监测、淘汰，直到达到标准为止。M5号苗主要用于牛和羊，与S19号苗一样，不可用于怀孕畜。所有疫苗对于牛的免疫应注意：一是先检疫，再扑杀、淘汰阳性畜后，再免疫；二是免疫密度必须达到100%，一旦犊牛满6个月应马上补免；三是引进牛必须经检疫淘汰阳性牛后，再免疫混群；四是所有布病疫苗都是活菌苗，对环境、对人都可造成污染及感染，应加强防护；五是免疫的操作方法、活菌的有效数量会影响到免疫的效果；六是应用S19号苗对怀孕畜不免疫，有可能造成怀孕期感染；七是口服疫苗应注意口服的方法，免疫前3天避免使用抗生素及含抗生素的饲料添加剂等。

（2）加强饲养管理，尽量做到同一养殖区内自繁自养。对于怀孕牛在饲料质量与营养方面，尽量做到全面合理，不喂发霉饲料，防止霉菌和硝酸盐中毒引起的流产，特别是发霉的青贮、淀粉渣等。冬季不喂冰渣饲料，防止应激引起腹泻，从而导致消化道疾病发生。在怀孕牛中后期，要精心护理，减少各种应激，必要时可采取保胎方面的措施。奶牛运动场应建有天棚，起到防水、防雪、防晒的作用，同时运动场周围要设计排水设施，保证雨水和融化的雪水能够及时排出。每年3—4月，牛舍地面要及时清理尿粪，保持舍内干燥。养殖区内的牛群要相对稳定，尽量做到自繁自养，不从外购入奶牛，防止布病随外购牛而引入。

（3）加强检疫和消毒。检疫包括内部净化和购入检疫，布病净化主要是对未进行疫苗接种或接种疫苗18个月后的牛进行布病检疫，用平板凝集试验初选，查出阳性牛与可疑牛后再用试管凝集试验复检，复检出的阳性牛强制扑杀，阴性牛隔离30d后再复检，阳性或仍为阴性时扑杀，每年春秋各普检一次。购入检疫，主要是从外地或养殖区外购的奶牛，要进入养殖区或合群时，要把好隔离检疫关，隔离时间为42d以上，在隔离期内，对新购牛进行布病检疫，为了防止平板凝集试验假阳性出现，建议直接用试管凝集试验，由于试管凝集试验也存在敏感性与特异性较差的问题，因此，检疫次数应在2次以上，也就是反复检疫，2次检疫时间相隔30d，若出现阳性牛，应及时扑杀，可疑牛应及时隔离，如果新购入的牛群每次检出至少有1头阳性牛，那么对于同群受威胁的健康牛还需再次进行复检，直到"零"检出为止。

奶牛养殖区应加强消毒工作，进出养殖小区门口要设消毒池。为了防止病源传播，养殖区清洁道与污染道分开，牛粪应及时运走或在离牛舍较远的地方发酵。清洁道要定期消毒。产房要相对隔离，死胎、流产物、胎衣等要及时深埋，更不能喂犬，对被污染的环境要及时清理消毒。机械挤奶一定要对挤奶器严格消毒，确保每头牛挤奶后的消毒效果。

（4）加强对饲养员、养殖户的宣传和教育、提高布病牛扑杀的补偿经费。布病是一种人畜共患传染病，一旦感染，无论牛和人，都将终身影响，不但对牛造成危害，也对人类健康带来威胁，从食品安全及自身保护出发，养殖户、饲养员更应该积极配合，主动防疫、检疫。兽医人员应加强检疫和监管，发放奶牛健康证，凭证销售牛奶。同时，要提高奶牛扑杀的补偿经费，每头牛1万元左右，一旦患上布病而被扑杀，补偿仅有2500元左右，对一个家庭来讲，损失较大，因此，强制扑杀较难实行，偷偷转卖，形成年年检疫，年年感染率上升，由一个疫点增至多个疫点，由一个地区扩散到多个地区，如果一头布病牛扑杀经费大于或等于其市场价，那么养殖户对检疫、扑杀的配合和主动性会相对提高，布病控制才能有效。

（本文发表于《中国动物检疫》2011年第9期）

药物对奶牛结核病 PPD 试验
结果的影响

摘　要：*为了验证抗菌药物对奶牛结核病 PPD 试验结果的影响，选择 PPD 试验阳性牛，用一定剂量的链霉素并加地塞米松进行刺激，结果发现：犊牛（≤1岁），转阴率为 35.3%，88.2% 的牛皮差减小；青年牛（≤2岁），76.7% 的牛皮差减小；成年母牛（≥2岁），42% 的牛皮差减小。这说明使用一定剂量和疗程的抗菌药并加激素，能够明显影响 PPD 试验的结果。因此，在检疫前要避免使用此类药物。*

关键词：*奶牛结核病；PPD 试验；药物*

结核病是由结核分枝杆菌引起的一种人兽共患传染病。结核分枝杆菌分人型、牛型与禽型 3 种血清型，其中，人型与牛型可相互感染。为了从源头上控制奶牛结核病传染给人，国家规定，对奶牛每年用 PPD（皮内变态反应试验）方法检疫 2 次结核病，对检疫阳性的牛进行无害化处理。为了验证抗菌药物对奶牛结核病 PPD 试验结果的影响，对近年来 PPD 试验检出的阳性牛，依据年龄不同，用不同剂量的链霉素、地塞米松进行体内用药试验，并监测用药后 PPD 试验的皮差变化。

1　试验设计

1.1　试验时间、方法

2014—2016 年，对每年春秋两次检疫出的阳性牛先进行隔离，根据年龄大小进行分类，然后用药治疗，最后用传统的 PPD 试验方法检测其前后的皮差变化，并与对照组比较。

1.2　试验方案

（1）检出的 PPD 试验阳性牛。先进行隔离并根据年龄大小分类（群）：

犊牛（0~1岁）、青年牛（1~2岁）、成年母牛（3岁以上）。

（2）犊牛。在第1次PPD试验20d后，肌内注射兽用链霉素200万U/头，连续10d；停药30d后，进行第2次PPD试验，量其皮差，分析其皮差变化。在第2次PPD试验15d后，第2次肌内注射链霉素400万U/头，同时注射地塞米松10mL/头。两个疗程，每个疗程5d，休药5d。两个疗程结束10d后，进行第3次PPD试验，测其皮差。

（3）对青年牛。在第1次PPD试验20d后，肌内注射兽用链霉素400万U/头，连续10d，停药30d后进行第2次PPD试验，测其皮差。

（4）成年母牛。在第1次PPD试验20d后，肌内注射兽用链霉素400万U/头，连续10d，停药30d后，进行第2次PPD试验，测其皮差。

（5）阳性对照牛。对检疫出的阳性犊牛、青年牛、成年母牛组成的对照组，隔离42d后复检，测其皮差。对试验后的奶牛全部进行无害化处理。

2　试验结果

2.1　犊牛试验结果

第2次PPD试验结果与第1次比较，转阴率为0，47%的牛皮差减少，53%的牛皮差增大；第3次PPD试验结果与第1次比较，转阴率为35.3%（皮差≤2mm），88.2%的牛皮差减少，11.8%的牛皮差增大（表1）。

表1　犊牛3次PPD试验结果统计　　　　　　　（单位：mm）

试验序号	第1次PPD试验	第2次PPD试验		第3次PPD试验	
	皮差	皮差	与第1次比较皮差	皮差	与第1次比较皮差
01	7.41	18.6	+	1.04	−
02	5.30	4.82	−	4.14	−
03	7.15	7.21	+	1.15	−
04	6.07	6.26	+	0.28	−
05	10.46	11.97	+	29.40	+
06	15.18	8.02	−	0.49	−
07	25.52	7.54	−	7.51	−
08	28.74	12.55	−	5.17	−
09	18.70	6.01	−	0.19	−
10	8.60	10.79	+	3.51	−

（续表）

试验序号	第1次PPD试验	第2次PPD试验		第3次PPD试验	
	皮差	皮差	与第1次比较皮差	皮差	与第1次比较皮差
11	14.02	7.74	−	8.18	−
12	5.89	9.92	+	0.04	−
13	15.35	12.60	−	2.88	−
14	9.37	14.50	+	5.63	−
15	9.00	10.52	+	10.00	+
16	8.42	9.94	+	5.51	−
17	9.04	4.14	−	4.61	−

2.2 青年牛试验结果

通过连续10d的链霉素刺激后，将第2次PPD试验结果与第1次比较，发现有76.7%的阳性牛皮差减小，23.3%的阳性牛皮差增大（表2）。

表2 青年牛两次PPD试验结果统计 （单位：mm）

试验序号	第1次PPD试验	第2次PPD试验	
	皮差	皮差	与第1次比较皮差
01	10.76	5.06	−
02	7.52	11.5	+
03	8.43	1.72	−
04	10.23	6.13	−
05	9.69	11.74	+
06	18.09	4.95	−
07	6.75	1.81	−
08	8.19	4.51	−
09	7.16	5.2	−
10	17.94	5.52	−
11	10.41	4.11	−
12	7.69	11.13	+
13	9.37	11.10	+
14	9.78	5.71	−

（续表）

试验序号	第1次PPD试验	第2次PPD试验	
	皮差	皮差	与第1次比较皮差
15	11.72	12.51	+
16	9.07	7.21	−
17	7.22	13.39	+
18	14.58	4.74	−
19	>20.00	9.27	−
20	>20.00	11.25	−
21	>20.00	17.81	−
22	>20.00	8.30	−
23	10.40	2.70	−
24	13.67	8.91	−
25	16.75	7.30	−
26	16.14	4.69	−
27	9.12	11.39	+
28	10.27	7.33	−
29	7.49	3.24	−
30	9.83	5.57	−

2.3 成年母牛试验结果

通过连续10d的链霉素刺激后，第2次PPD试验结果与第1次的比较，42%的阳性牛皮差减小，57.1%的皮差增大（表3）。

表3 成母牛两次PPD试验结果统计 （单位：mm）

试验序号	年龄（岁）	第1次PPD试验	第2次PPD试验	
		皮差	皮差	与第1次比较皮差
01	9	7.28	6.25	−
02	7	5.16	17.80	+
03	7	5.76	6.77	+
04	7	9.49	18.41	+
05	6	4.56	6.21	+

（续表）

试验序号	年龄（岁）	第1次 PPD 试验	第2次 PPD 试验	
		皮差	皮差	与第1次比较皮差
06	6	6.54	7.93	+
07	5	8.98	6.7	−
08	5	7.78	5.48	−
09	4	13.61	4.67	−
10	4	15.47	1.61	−
11	4	7.14	4.89	−
12	4	3.60	6.95	+
13	4	3.86	5.51	+
14	4	9.58	5.39	−
15	4	16.77	20.89	+
16	4	4.47	0.59	−
17	4	11.41	6.47	−
18	4	5.61	6.87	+
19	3	5.85	8.03	+
20	3	6.79	8.90	+
21	3	9.28	7.35	−
22	3	9.92	5.33	−
23	3	>20.00	8.50	−
24	3	5.10	7.13	+
25	3	16.61	3.39	−
26	3	7.76	6.29	−
27	3	15.79	16.21	+
28	3	4.68	17.28	+
29	3	13.89	14.17	+
30	3	9.50	9.37	−
31	3	19.68	11.66	−
32	3	14.05	33.40	+
33	3	4.80	6.29	+
34	3	5.26	7.56	+
35	7	6.17	13.18	+

（续表）

试验序号	年龄（岁）	第1次PPD试验	第2次PPD试验	
		皮差	皮差	与第1次比较皮差
36	7	10.55	13.23	+
37	7	13.14	22.41	+
38	7	5.82	10.96	+
39	7	5.95	8.43	+
40	7	11.56	7.74	−
41	7	4.24	9.25	+
42	9	7.71	6.50	−

2.4　对照组结果

通过复检，发现有1头牛转阴（皮差 < 2mm），4头牛（18%）皮差减小，77%的牛皮差增大（表4）。

表4　对照组两次PPD试验结果统计　　（单位：mm）

试验序号	第1次PPD试验皮差	第2次PPD试验皮差	两次比较
01	18.40	15.82	−
02	7.11	9.15	+
03	9.05	9.98	+
04	12.01	14.11	+
05	11.16	11.07	+
06	6.17	4.31	−
07	7.22	9.44	+
08	4.41	6.67	+
09	3.24	1.14	−
10	15.16	17.24	+
11	9.09	9.18	+
12	22.11	23.21	+
13	15.10	15.12	+
14	17.02	22.01	+
15	4.15	6.77	+

（续表）

试验序号	第1次 PPD 试验皮差	第2次 PPD 试验皮差	两次比较
16	10. 17	11. 16	+
17	8. 08	9. 04	+
18	7. 19	7. 25	+
19	12. 20	7. 64	−
20	11. 13	10. 26	−
21	5. 02	5. 14	+
22	5. 14	6. 26	+

3 结果分析

对犊牛2次用药后，88.2%的牛皮差减小，35.3%的转阴，说明使用一定剂量的"链霉素+地塞米松"，对犊牛PPD试验结果影响较大。

对青年牛用药后，76.7%的牛皮差减小。由于用药剂量小（300万U/头），又未用激素，所以，影响的效果不如犊牛。如果加大用药剂量并施以激素，效果可能更加明显。

对成年母牛用药后，42.9%的牛皮差减小，但不如犊牛和青年明显，说明成年母牛对链霉素的敏感性较差。这一方面与成年母牛抗药性有关，另一方面与成年母牛的体质下降有关，另外与链霉素的用药剂量以及没有同时用激素干扰有关。

用药后，11.8%的犊牛、23.3%的青年牛和57.1%的成年母牛出现皮差增大。①在同剂量下，部分个体对链霉素的敏感性较差，甚至产生抗药性；②部分个体体质下降或感染了其他疾病；③结核杆菌在部分个体内正处于增殖期，体内含菌量大，药物剂量起不到抑菌作用。

对照组42d后复检，发现皮差减小或转阴的牛多为青年牛。这一方面是由于体质增强，抗病力强，自然好转；另一方面是因为在第1次检测时，有其他原因造成的假阳性。

在PPD试验中，为了减少人为误差，在测量原皮厚与72 h皮厚时，应为同一个人操作。

4 讨论

抗菌药物（链霉素）对奶牛体内结核杆菌有抑制和杀菌作用。剂量越大

（400 万 U/头以上）、疗程延长（2 个疗程以上）并施以激素，对奶牛结核病 PPD 监测的结果影响较大，其中，对犊牛和青年牛的影响比成年母牛大。因此在奶牛结核病检疫中，要避免在检疫前使用链霉素、激素等药物。

对于受威胁的牛群（周围舍或邻近牛场有结核病发生）、污染群（群中有发病畜或检疫出有阳性畜并已清除）或处于亚健康状态下的牛群，用一定剂量的抗菌药物进行预防，对控制奶牛结核杆菌的感染有一定的效果。

（本文发表于《中国动物检疫》2017 年第 5 期）

奶牛结核病的药物预防技术

摘　要： 目前，规模化、高密度饲养奶牛的牧场及地区，对奶牛结核病的控制，应作为监测和药物预防的重点，应在"检疫—扑杀—净化"的基础上结合药物预防，采取综合性措施防控。根据PPD检疫结果和奶牛不同的饲养阶段，利用抗菌药物配合激素用于针对性预防，效果明显。

关键词： 奶牛；结核病；药物；预防

结核病是一种人畜共患传染病，分人型、牛型与禽型，其中，牛型与人型可以相互传染，因此，从源头上控制奶牛结核病是保护人类健康的重要举措。近年来，随着我国奶牛养殖的快速发展，规模化、高密度养殖逐渐取代了一家一户的散养，这也使结核病的传播风险加大，为此，研究结核病的综合防控措施，对控制奶牛结核病具有现实意义。规模化、高密度饲养的牧场及地区应作为监测和药物预防的重点，另外在"检疫—扑杀—净化"措施的基础上，结合药物预防，使辖区内奶牛结核病的传染得到有效控制。

1　流行病学

通过对部分规模场、养殖小区、散养户奶牛结核病的调查及每年2次的检疫数据分析，现阶段奶牛结核病的防控出现以下新的变化：

（1）发病率低。无论是对行业人员（饲养员、配种员、兽医等）的调查，还是对奶牛个体的调查，结果表明出现肺结核、肠结核、乳房结核等有明显症状的牛只极少。

（2）感染率高。主要是奶牛结核分枝杆菌PPD皮内变态反应试验（简称PPD）检疫后出现的阳性率高，规模场、密度大的养殖小区比散养户阳性率高。

（3）速度快。一旦同群或同舍、同场检出有阳性牛，1~2年内PPD检疫阳性率增高。

（4）呈区域性流行。奶牛流动大、执行隔离检疫不严格、没有做到自繁自养措施的区域、牧场感染率高。

（5）感染途径复杂。除通过呼吸道传染外，消化道传染的途径增高。

（6）阳性牛流动性大，扑杀难，净化难。

2　结核病药物预防的对象

（1）规模化、高密度饲养的牧场及地区，应作为监测和药物预防的重点。

（2）亚健康牛群：在检疫中，检出阳性牛或 PPD 监测出现可疑牛的牛群。其次是易发病（呼吸道或消化道病）的牛群。

（3）检疫中出现的疑似牛。

（4）受威胁牛群：处在同一区域内有发病的牛群或者有检疫阳性率较高的牛群。

（5）泌乳牛、孕牛禁止用药物预防。

3　药物预防的辅助措施

（1）对可疑牛进行隔离，对阳性牛进行清群。

（2）加强饲养管理、增强奶牛体质，提高奶牛福利、减小饲养密度，饲喂优质饲料，改善舍内环境、保持舍内恒定温度、湿度，加强通风。

（3）减少应激：特别是热应激、冷应激。

（4）加强消毒，及时清粪：特别是对舍内空间、地面、水槽、食槽的消毒，并做到一日一清粪、一日一冲洗，清除的养殖废弃物及时运走或堆积发酵。

（5）严格隔离：犊牛舍与成牛舍分离，犊牛饲喂巴氏消毒奶。

（6）牧场只出不进，自繁自养。

4　药物预防的技术方案

根据不同的饲养阶段、PPD 检疫的结果，利用链霉素的杀菌抑菌作用和激素的抗炎抑菌作用，确定预防量和疗程。

5　防治效果分析

（1）链霉素是抗结核杆菌的特效药物，属于氨基糖苷碱性化合物，它与结核杆菌菌体核糖核酸蛋白体结合，起到干扰结核杆菌蛋白合成作用，从而杀灭或者抑制结核杆菌的生长。通过肌注，血液中的药物浓度的高峰值在 0.5~2h 出现，只要剂量合适，其在血液中抑制结核杆菌生长的有效浓度可保持 12h 之久，其使用方便，副作用小，过敏反应小，但为防止胎儿健康和减少药残，孕牛、泌乳牛禁用。

表 1　药物预防技术方案

饲养阶段	年龄（岁）	PPD 结果（mm）	链霉素剂量（万 U）	地塞米松剂量（mL）	疗程（个）	每个疗程天数（d）	用药途径	肌注次数（次/d）	备注
犊牛	0~1	阴性（亚健康、受威胁）	200	0	1	5~7	肌注	1	
		≤2	300	0	1~2	5~7	肌注	1	
		2~4	400	10	2	7	肌注	1	一天剂量分 2 次注射，如每 12h1 次
青年牛	1~2	阴性（亚健康、受威胁）	300	0	1	5~7	肌注	1	
		≤2	400	0	1~2	5~7	肌注	1	
		2~4	600	20	2	7	肌注	2	
成母牛	>2	阴性（亚健康、受威胁）	500	0	1	5~7	肌注	1	
		≤2	700	0	1~2	5~7	肌注	2	
		2~4	900	20	2	7	肌注	2	

（2）地塞米松（激素）具有抗炎、抗过敏、抗毒作用。抗炎作用主要是减轻牛机体组织对炎症的反应，抑制炎症细胞在炎症部位的聚集，并抑制吞噬结核杆菌。近年来，与抗生素合用，主要用于治疗严重的急性细菌感染或严重过敏反应、肿瘤治疗等。

（3）用药剂量应根据奶牛的体重，预防方案的选择是根据 PPD 检疫结果和牛群健康状况决定：一般 1~2 个疗程，中间相隔 3~5d，每日用剂量在 600 万 U 以下者，1 天 1 次肌内注射，600 万 U 以上者，1 天 2 次肌内注射，2 次相隔 12h。

（4）停药 20d 后进行 PPD 监测，评估药物预防效果。

6　讨论

（1）奶牛结核病是可以预防的，但是，随着奶牛生产方式的转变，感染率的提高，仍坚持"检疫—扑杀"，在当前的流行情况下从面上难以得到有效控制，因此，应采取综合防治措施，即"检疫—预防—扑杀—净化"相结合，对出现症状、危害大的病牛应及时扑杀，无害化处理，而对于"假健康牛"，应采取隔离、预防、检疫的措施。

（2）对 PPD 检疫出阳性牛的危害程度要进行科学监测和评估，药物对奶牛结核病的预防要根据牛的饲养阶段，并结合 PPD 监测结果而选择对应的方案，即所谓"三对三"方法，饲养阶段分犊牛（≤1 岁），青年牛（1~2岁），成母牛（≥2 岁）3 个阶段。监测结果分阴性、疑似和受威胁牛群。3 种不同情况、不同阶段、不同监测结果对应不同的方案，其方法更科学，效果更明显。

表 2　奶牛链霉素每日用药剂量参考表

奶牛体重（kg）	50	100	150	200	250	300	350	400	450	500	550	600	650	≥700
每日链霉素剂量（万U）	75~100	150~200	225~300	375~500	450~600	525~700	600~800	675~900	750~900	750~1 000	825~1 100	900~1 200	975~1 300	1 050~1 400
（g）	0.75~1	1.5~2	2.25~3	3~4	3.75~5	4.5~6	5.25~7	6~8	6.75~9	7.5~10	8.25~11	9~12	9.75~13	10.5~14
用法	肌注	肌注	肌注	肌注	肌注	肌注	肌注	肌注	肌注	肌注	肌注	肌注	肌注	肌注
每日肌注次数（次）	1	1	1	1	1	1	1~2	1~2	2	2	2	2	2	2

（3）疫苗预防仍然是今后控制奶牛结核病发生的最有效措施，近年来，由于"结核病防治规范"的指导作用，一直强调的是"检疫—扑杀"，所以，科研单位对奶牛结核病的监测方法和监测效果的研究比预防措施的研究取得的成果多，而在感染率持续较高的情况下，重视监测而轻视预防，将造成越检（疫）越多的现象，因此，研究对奶牛结核病的综合防治措施已刻不容缓。

（4）规模化牛场是当前结核病感染的"重灾区"，通过调查，牛场的地理位置、场内外环境、牛群密度、饲养管理、防疫消毒以及养殖废弃物处理程度、牛奶消毒等都对结核病的防治效果有重要作用，其次，对结核病传播途径的认识，应从主要的呼吸道传播为主的传统思维转变为消化道（如养殖废弃物、犊牛吃奶）等多途径传播的可能，只有调查摸清传播的途径，才能制订切断传播的有效措施。

（本文发表于《新疆畜牧业》2018 年第 2 期）

奶牛结核病的预防与控制

　　摘　要：通过对 A、B 两个牛场近年来结核病预防效果的比对分析，提出只有在牛场位置、检疫净化、饲养管理、防疫消毒、预防投药等方面采取综合性措施才是有效控制奶牛结核病的根本途径。

　　关键词：奶牛；结核病；预防；控制

　　结核病是一种人畜共患传染病，分人型、牛型与禽型，其中，人型与牛型可相互感染并引起发病，因此，预防和控制奶牛结核病就是从源头上控制由畜传染给人。近年来，由于乳品行业的发展带动养牛业的发展，控制奶牛结核病就显得特别重要，然而，对奶牛结核病的控制要从培养健康牛群出发，应采取综合性的预防与控制措施，不能仅靠检疫和扑杀。本文通过对所管辖区两个牛场结核病近年来的防治效果的比对分析，提出对奶牛结核病的预防和控制措施的建议。

1　两个规模牛场的管理和预防效果

　　规模牛场的管理和预防效果见表1。

1.1　A牛场为私营牛场

　　地理位置位于沙漠边缘，远离生活区和主干道 10~15km 的上风口。年存栏 400~500 头，饲养品种为德系荷斯坦牛。牛场配有挤奶厅、犊牛舍、青年牛舍、泌乳牛舍，牛舍和活动场牛粪定期清除，从投产以来始终坚持"自繁自养、只出不进"，配有自己的防疫员、育种员（不对外），饲料长期坚持饲喂普瑞纳，分不同饲养阶段按标准饲喂全价饲料，并严格禁止外来人员、车辆驶入，本场员工长期自然形成封闭式工作，年平均泌乳牛单产在 8.5t 以上。

1.2　B牛场为国有牛场

　　距生活区不足 1km，泌乳牛存栏 800~1 000 头，品种为荷斯坦牛，但来源较杂，不同饲养阶段分不同舍饲养，挤奶、清粪机械化程度较 A 场高，饲喂全价配方饲料，但原料质量随着牛场效益在变化，不稳定，饲养人员每日按时上下班回家吃饭、休息。年平均泌乳牛单产 6.5t 左右。

表1 两个牛场近年来结核病检疫情况

单位	检疫时间	检疫方法	检疫数量（头）	阳性数量（头）	阳性率（%）
A 场	2014 年春	PPD	438	0	0
	2014 年秋	PPD	479	0	0
	2015 年春	PPD	435	0	0
	2015 年秋	PPD	470	0	0
	2016 年春	PPD	409	可疑 1	0.24
B 场	2014 年春	PPD	878	9	1.02
	2014 年秋	PPD	956	11	1.15
	2015 年春	PPD	960	12	1.25
	2015 年秋	PPD	798	9	1.13
	2016 年春	PPD	803	10	1.24

1.3 结核病防治效果比较

从 2014 年到 2016 年，共检疫 5 次，A 牛场每次检出率几乎为 0，而 B 牛场每次检出阳性率分别为：1.02%、1.15%、1.25%、1.13%、1.24%。

2 结核病预防效果的比对分析

（1）牛场经营性质决定牛场管理人员的责任，而管理人员的收入决定牛场的生产水平。A 场为私营牛场，管理人员收入较高、责任心较强、人员稳定、技术稳定、饲料采购稳定、生产水平高、防疫效果好；而 B 场为国有牛场，虽然机械化程度高，但人员责任心不强，管理人员、职工进出牛场频繁，管理松散，受牛场效益的影响，饲料原料采购质量不稳定，防疫不严密，生产水平较低，结核病防疫效果较差。

（2）牛场的位置是防疫安全的前提。距生活区、交通要道较近，这是一些老牛场的共性，也是牛场防疫中的天然漏洞。除此之外，B 牛场周围 5km 范围内就有其他牛场和养殖小区，处在这种环境下，牛场不但没有一点天然的保护屏障，而且距生活区近，防疫隐患大，随时可能引起交叉传染和疾病发生，给结核病防治造成困难。

（3）　稳定的牛群管理不但是提高奶牛产量的主要因素，而且也是提高防疫效果的主要措施。A 场不仅饲料配方和营养稳定，而且牛群结构稳定，特别是始终能坚持"自繁自养，只出不进"，杜绝因进牛外源性疾病的传入，况且无论原料市场如何变化，牛场效益好坏，牛场的饲料投入长期稳定。而B 场随着经营的好坏，市场的变化，原料的品种和配方标准在不断变化。不仅如此，牛群结构也不一样，B 场在购牛合群以后，"两病"（布病、结核病）检疫的阳性率就随之攀升。

（4）牛群的净化程度是决定今后结核病检出阳性牛多少的主要因素。A 场由于是私营牛场，牛场的净化彻底，一旦出现可疑牛会立刻清除出牛场，不仅如此，对患有其他病的牛或单产较低的牛会随时淘汰，年淘汰率在 30% 左右。而 B 场由于是国有牛场，存栏数作为年终考核指标，与牛场管理者经济收入挂钩，因此，检疫和净化不及时，不仅如此，真正需淘汰时还存在层层审核的程序，使病牛和阳性牛不能及时处理，造成其他健康牛的感染，这样一来，即便本次检出的阳性牛被处理，下次检疫依然还会出现感染的阳性牛，甚至有增加的情况，B 场每年正常淘汰率仅在 10%~15%。

3　讨论

（1）作为现代化或规模化的牛场（养殖小区），选择相对偏远、远离生活区、远离主干道、有天然屏障的地方是牛场防疫的先决条件。在选址上先天不足的牛场即使内部防疫再严密，也会出现"防不胜防"，疾病发生和流行的可能性依然存在，特别是结核杆菌作为环境中的常见菌，牛型与人型又可交叉感染，人群与牛群中隐形感染者又较多，且人和牛都对牛型结核杆菌比较敏感，一旦条件具备，流行的可能性较大。只有拉开牛场与生活区、主干道的距离，依靠天然屏障才有可能切断传播的途径和相互感染的机会。因此，在结核病防疫方面对牛场的选址和防疫一定要符合《动物防疫条件审核办法》。

（2）彻底净化牛群，及时淘汰病牛，是结核病预防和控制的前提。没有传染源就不可能有易感的健康牛感染，一个净化彻底的、防疫设施和防疫制度健全的牛场（牛群），每次检疫都不可能检出阳性牛，相反内部净化不彻底的牛场或牛群，则会出现每次检疫，每次都能检出阳性牛，而且阳性率还可能年年上升。因此，不从内部根除传染源就谈不上净化。牛群的净化也不是靠 1~2 次检疫就能做到，在实际生产中一定要进行反复的检疫，直到最后一发生，给结核病防治造成困难。

（3）稳定的牛群管理不但是提高奶牛产量的主要因素，而且也是提高防疫效果的主要措施。A场不仅饲料配方和营养稳定，而且牛群结构稳定，特别是始终能坚持"自繁自养，只出不进"，杜绝因进牛外源性疾病的传入，况且无论原料市场如何变化，牛场效益好坏，牛场的饲料投入长期稳定。而B场随着经营的好坏，市场的变化，原料的品种和配方标准在不断变化。不仅如此，牛群结构也不一样，B场在购牛合群以后，"两病"（布病、结核病）检疫的阳性率就随之攀升。

（4）牛群的净化程度是决定今后结核病检出阳性牛多少的主要因素。A场由于是私营牛场，牛场的净化彻底，一旦出现可疑牛会立刻清除出牛场，不仅如此，对患有其他病的牛或单产较低的牛会随时淘汰，年淘汰率在30%左右。而B场由于是国有牛场，存栏数作为年终考核指标，与牛场管理者经济收入挂钩，因此，检疫和净化不及时，不仅如此，真正需淘汰时还存在层层审核的程序，使病牛和阳性牛不能及时处理，造成其他健康牛的感染，这样一来，即便本次检出的阳性牛被处理，下次检疫依然还会出现感染的阳性牛，甚至有增加的情况，B场每年正常淘汰率仅在10%~15%。

3 讨论

（1）作为现代化或规模化的牛场（养殖小区），选择相对偏远、远离生活区、远离主干道、有天然屏障的地方是牛场防疫的先决条件。在选址上先天不足的牛场即使内部防疫再严密，也会出现"防不胜防"，疾病发生和流行的可能性依然存在，特别是结核杆菌作为环境中的常见菌，牛型与人型又可交叉感染，人群与牛群中隐形感染者又较多，且人和牛都对牛型结核杆菌比较敏感，一旦条件具备，流行的可能性较大。只有拉开牛场与生活区、主干道的距离，依靠天然屏障才有可能切断传播的途径和相互感染的机会。因此，在结核病防疫方面对牛场的选址和防疫一定要符合《动物防疫条件审核办法》。

（2）彻底净化牛群，及时淘汰病牛，是结核病预防和控制的前提。没有传染源就不可能有易感的健康牛感染，一个净化彻底的、防疫设施和防疫制度健全的牛场（牛群），每次检疫都不可能检出阳性牛，相反内部净化不彻底的牛场或牛群，则会出现每次检疫，每次都能检出阳性牛，而且阳性率还可能年年上升。因此，不从内部根除传染源就谈不上净化。牛群的净化也不是靠1~2次检疫就能做到，在实际生产中一定要进行反复的检疫，直到最后一要达到饮用水标准；二是水质要新鲜，不能在水槽中放置或暴晒较长时间，易引起病菌的繁殖；三是患病牛要隔离饮水，防止通过饮水传染健康牛。

（5）对污染群的药物预防是必要的。结核杆菌对抗菌药比较敏感，在检疫扑杀的基础上，对被污染的牛群辅助以抗菌药品预防是控制结核病传染、防治结核病复发的有效措施。药物预防一方面是针对检出有阳性牛或发病牛的牛群，除正处在泌乳期的牛外的其他同群或同场的牛，用抗菌药预防 1~2 个疗程；另一方面针对在气候环境突变等引起的各种应激情况下，如春秋季节出现气候骤变，气候干燥或舍内潮湿、运动场积水、积粪、融雪等情况，易引起呼吸道和消化道疾病时，进行必要的抗生素预防是必要的，不但可控制结核病的发生，而且也可控制其他继发病的发生。

（本文发表于《新疆畜牧业》2017 年第 4 期）

奶牛结核病检疫中存在的问题与对策

摘　要：通过对奶牛结核病检疫中存在的问题进行总结和分析，提出加强对污染群的药物预防和管理、增加检疫次数、区别感染畜和发病畜、及时扑杀阳性牛、培养健康牛群是净化的主要方法。

关键词：奶牛；结核病；检疫

结核病是由结核分枝杆菌引起的一种人畜共患传染病，分为人型、牛型和禽型，其中，人型和牛型可相互传染，从事奶牛养殖和服务的饲养人员、防疫人员是直接的受害者，除此以外，还可通过牛奶传染给健康人。为了从源头上预防与控制奶牛结核病的传播，按照《牛结核病防治技术规范》，对奶牛每年进行两次以上的检疫，并对检出的阳性牛进行扑杀，以保证牛群健康及食品安全。然而由于管理、防疫、检疫、监管、处理等诸多因素，奶牛结核病的防治效果并不理想，个别群的检出阳性率超出了1%，甚至出现上升趋势，给奶牛养殖造成一定经济损失。本文在对基层结核病检疫中存在问题进行分析的基础上，提出对奶牛结核病防治的意见。

1　当前奶牛结核病检疫要求

（1）成年牛净化群，实行每年春秋两季用牛型结核菌素皮内变态反应试验（PPD试验）进行检疫，出生犊牛于20日龄（规范要求）时进行检疫，调入牛需隔离30d（规范要求），检疫合格后解除隔离。

（2）污染群（确诊有结核病牛群）：用PPD试验进行反复检疫，检出的阳性畜进行无害化处理，反复检疫每次间隔3个月，直到最后一次全群为阴性为止。

（3）PPD试验，皮厚差在2mm以下为阴性、大于等于2mm且小于4mm为可疑、大于或等于4mm为阳性，可疑畜需进行隔离，42d后复检，复检仍为可疑时还需第3次复检，3次复检为可疑时应判定为阴性畜。

2 奶牛结核病检疫中存在的问题

2.1 检测方法本身存在问题

PPD 试验的阳性牛，不同时期反复检测其结果有可能不一致；PPD 试验检出的阳性牛与感染牛的临床症状和解剖症状不完全吻合，多数检测阳性牛常不表现结核病的症状。泌乳的高产牛监测阳性率比较高；PPD 试验结果与 ELISA 试验结果不一致。也就是 PPD 检测阳性或阴性牛，再用 ELISA 试验复检其结果有可能与 PPD 检测结果不一致。反之，ELISA 检测结果有时也与 PPD 试验结果不一致。

2.2 试验操作过程中存在问题

注射点位置不正确，不在颈部上 1/3 处，要么之下，要么靠近肩胛骨，容易在采食时受颈夹或运动时摩擦围栏造成机械性肿大；不剪毛、不消毒，容易造成局部感染肿大，导致皮差测量不准确；针管、针头型号太大，造成计量误差；针头太小，则注射过程中不畅通；而针头太长易穿透皮肤或注射于皮下，造成误判；卡尺计量不准确，两次用力不均衡或测量原皮厚和 72h 皮厚非同一个人，造成卡尺松紧不一致。

2.3 检疫监管方面存在的问题

不按规范要求进行春秋 2 次检疫，要么一次不检，要么只检 1 次。对污染群不能坚持连续检疫净化措施；检出的阳性牛得不到及时处理，造成健康牛的感染。检出的可疑牛不隔离，不复检；由于每头牛扑杀成本大，而补贴经费少，因此，阳性牛相互转卖造成了更大范围污染。

3 讨论与分析

3.1 监测方法对感染牛的敏感性有差别

PPD 和 ELISA 两种方法在实际应用中都有一定的局限性。PPD 是运用了多年的国标，其敏感性较高，但在其实际操作中，人为因素影响较大，要求检测人员必须对健康牛做到：保定—剪毛—量原皮厚—消毒—皮内注射—量 72h 皮厚六到位。注射完后用手摸应有 1mm 左右的凸起（小疙瘩），如果有一环节操作失误，可造成结果不准。ELISA 其敏感性更高（人为操作因素影响较少），要求抗凝血必须在 4~6h 之内进行试验，然而由于气候、实验条件、成本等原因，普及有局限性，条件好的牛场两种试验可以交叉使用。

3.2 饲养管理和奶牛体质对检测结果有影响

（1）饲养管理和卫生消毒对奶牛结核病的预防效果有影响。同一环境下体质健康的牛感染率低，相反则较高。饲养管理主要表现在自繁自养、全混日粮、卫生环境、通风和密度。牛群密度大，通风不良，可通过呼吸道直接传播。病牛咳嗽带出物在共用水槽中通过消化道传给健康牛。大小牛混养或母牛、犊牛长期同栏饲喂，相互感染机会增大。泌乳牛由于新陈代谢快，免疫力降低，抵抗力相对较差，感染率较高。

（2）抗菌药物对结核杆菌有抑制作用。结核杆菌对利福平、链霉素类药品比较敏感，通过药物的预防，可有效控制奶牛结核病的发生。但是，泌乳牛会增加乳汁中抗生素含量，因此，必须选择适当的饲养期和季节进行预防。特别是气候多变的春季、秋季。新疆春秋较短、气候干燥、温差较大、季节变化快，因此在春秋及时预防呼吸道病和消化道病很有必要。

（3）患病牛是结核病传染的主要传染源，检出的阳性牛不能及时处理可导致健康牛的快速感染，其次，外购病牛是健康牛群感染结核病的重要途径，对于新购牛，混群前虽然通过检疫但在短时间内难以甄别是否存在假阴性，一旦混群其危害较大。

（4）体内结核杆菌对 PPD 试验比较敏感，虽然结核杆菌在体内繁殖一代要 15~20h，但体内只要有结核杆菌存在，PPD 试验就有可能表现为阳性或可疑。机体感染结核杆菌后能否发病，取决于结核杆菌在体内的多少和机体的体质状况。若体质抗病力强，即使体内感染了结核杆菌或 PPD 试验检测表现为阳性，也会逐渐自愈而不发病，再次检测则会出现转阴；相反如果体质较差，就可能发病。处于潜伏期或发病初期的牛，虽然临床症状不明显，但也可能排菌，属于传染源，可通过呼吸道、消化道、乳汁等传染健康牛。

4 对策

4.1 加强对污染牛群的检疫次数

检疫次数决定净化的程度，净化是目的，培育健康群是目标。而当一个牛场、一个牛群，一旦出现结核病牛或检出阳性率高时，应按规范及时处置，并对污染群切实采取连续反复检疫，直到最后一次检疫为阴性。否则，注重处理阳性牛（病牛）而忽视对污染牛群的检疫净化。将会出现年年检，次次有，一旦致病条件成熟还会全群暴发。

4.2　加强管理适时预防

加强预防和管理有利于牛群的健康，提高牛群的体质，坚持自繁自养，严格重点环节的程序化消毒，是保持牛群（场）健康的长期有效措施。其次，对泌乳牛以外的犊牛、后备牛、干奶牛在应激来临之前，进行药物预防是必要的；或者在饲料中拌有一定量的抗生素，或者个体进行预防注射，对结核病防治有一定的积极作用；而对于长期监测出现的奶牛群感染率高、饲养量大、饲养密度大的地区或污染的健康牛群、奶牛场，研究疫苗预防是很有必要的。

4.3　及时扑杀发病牛

由于检测方法的敏感性不同，阳性牛多数又不出现症状，因此，感染牛与发病牛应区别对待。虽然规范要求 PPD 试验阳性牛应扑杀处理，然而，一方面由于补贴低，另一方面由于检出的阳性牛多为感染牛而并非发病牛，对阳性牛的扑杀实际上很难做到完全及时的无害化处理。对试验 PPD 可疑牛进行隔离、防治和复查。对有症状的（如咳嗽、消瘦、连续腹泻、乳房出现结节等）牛，经过确诊后，必须做无害化处理。

4.4　严格试验操作规范，减少人为因素的误判

结核病检疫应制定程序化操作步骤，对操作人员进行培训。要求每人熟练每个环节的操作要领，特别是要固定专人。每组人员详细分工，一般 3~4 人为一组，一人保定、一人量皮厚、一人消毒注射、一人登记，按次序进行。检疫过程中对病牛，特别是有发烧症状牛暂时不应检疫，并对怀孕牛做好标记，发现有咳嗽、消瘦、腹泻等症状牛要求一头一针，针头要严格消毒、定期更换。另外要做好检疫人员的自我保护。

（本文发表于《新疆畜牧业》2016 年第 10 期）

乌鲁木齐周边农场猪疫病
流行情况调查

摘　要：应用血清学试验，对乌鲁木齐周边农场养殖小区内所饲养的种猪、仔猪及育肥猪采集650份血样进行检测，同份样品同时进行猪繁殖与呼吸综合征、细小病毒病、伪狂犬病、猪传染性胸膜肺炎等8种传染病的非特异性免疫抗体进行血清学监测，以及猪瘟、猪口蹄疫两种传染病的免疫抗体监测，结果发现，近年来，危害该地区养猪业的主要疫病分别是猪瘟（免疫抗体合格率43%）、猪繁殖与呼吸综合征（阳性率平均为15.4%）、传染性胸膜肺炎（阳性率18.5%）、伪狂犬病（阳性率14.9%）、细小病毒病（阳性率8.9%）。

关键词：猪；农场养殖小区；猪疫病；调查

1　流行病学调查

乌鲁木齐周边农场的养猪小区平均存栏5万余头，主要的品种为长白、杜洛克、大约克等杂交猪。所谓养猪小区实际上就是各养猪专业户相对集中的地区，较大的养猪专业户基本上是自繁自养，而多数通过经济人购入仔猪，仔猪来源不明，许多养猪户靠喂城市泔水，饲养条件、环境卫生、防疫技术和管理水平相对较差，猪传染病发病率一直较高，特别是2006年秋冬到2007年春，部分养猪小区不明原因的猪群发病率及死亡率一度呈暴发之势，发病猪群普遍食欲不振，高温（40~42℃），病猪精神沉郁，有的病猪耳尖、鼻端或唇部、腹部呈青紫色或蓝紫色，死亡猪皮肤有的呈紫红色或斑状出血，解剖死猪多为肝脏暗红色、出血或肿大，部分有坏死灶；脾脏出血、肿大；肺脏充血或气肿，有的呈大理石样；肾脏及肠黏膜有的有出血。发病或死亡猪尤其以仔猪严重，整个发病期1个月左右，最后几乎全群死亡。育肥猪发病后经过对症治疗，死亡率低，但耐过猪从此生长减缓，饲料报酬降低，规模化种猪场由于使用了疫苗预防疫病，饲养条件较好，发病率较低。

2 血清学调查

2.1 材料与方法

对猪群采血，共计采集猪血清 650 份，其中，种猪 95 份、仔猪 247 份、育肥猪 308 份。猪瘟、猪繁殖与呼吸综合征、细小病毒病、伪狂犬病、猪传染性胸膜肺炎同时分别监测 168 份，采用华中农业大学动物医学院病毒所研制，武汉科前动物生物制品有限公司生产的酶联免疫（ELISA）诊断试剂盒（批号为 2006030）；布鲁氏菌病监测 439 份，采用黑龙江生物制品一厂生产的虎红平板凝集试验抗原（批号为 200602），试管凝集试验抗原批号为 200404；猪瘟、猪口蹄疫抗体监测 650 份，采用中国农业科学院兰州兽医研究所研制的正向间接血凝抗原、稀释液、阴阳性血清，批号为 060526、060509；猪传染性胸膜肺炎监测 178 份，采用兰州兽医研究所生产的正向间接血凝抗原、稀释液、阴阳性血清；弓形体监测 124 份，采用江苏省农业科学院兽医研究所生产的正向间接血凝抗原、稀释液、阴阳性血清；猪萎缩性鼻炎、乙型脑炎分别监测 124 份，采用华中农业大学动物医学院动物病毒室研制、武汉科前动物生物制品有限公司生产的乳胶凝集试验试剂盒，批号分别为 200404、200207。

2.2 监测结果

通过监测，猪瘟抗体合格率平均为 43%，口蹄疫抗体合格率为 60%，猪繁殖与呼吸综合征阳性率 15.4%，细小病毒病阳性率 8.9%，伪狂犬病阳性率 14.9%，猪传染性胸膜肺炎阳性率 18.5%，布鲁氏菌病阳性率为 0.2%，传染性萎缩性鼻炎、乙型脑炎、弓形体病阳性率为零（表1）。

3 监测结果分析

在 26 份猪繁殖与呼吸综合征阳性血清中，有 25 份伪狂犬病阳性，而在 25 份伪狂犬病阳性血清中，又有 15 份细小病毒病和传染性胸膜肺炎阳性血清，20 份未免疫以上 4 种病种猪血清中有 4 份猪瘟免疫抗体滴度为零，16 份抗体滴度小于 1∶8，说明此 5 类传染病相互交叉，对猪造成混合感染，且影响猪瘟免疫抗体的滴度，是造成猪瘟散发或非典型性发生的重要因素。

表 1　血清学监测结果

猪类型	猪繁殖与呼吸综合征		伪狂犬病		细小病毒病		布鲁氏菌病		传染性胸膜肺炎		传染性萎缩性鼻炎		乙型脑炎		弓形体病		猪瘟抗体		口蹄疫抗体	
	监测数	阳性率(%)	监测数	阳性率(%)	监测数	阳性率(%)	监测数	阳性率(%)	监测数	阳性率(%)	监测数	阳性率(%)	监测数	阳性率(%)	监测数	阳性率(%)	监测数	阳性率(%)	监测数	阳性率(%)
种猪	20	10	20	10	20	0	70	0	30	63	30	0	30	0	30	0	95	54	95	59
仔猪	49	28.5	49	28.5	49	16.3	98	1	49	25	49	0	49	0	49	0	247	32	247	54
育肥猪	99	10	99	90	99	7	271	0	99	2	45	0	45	0	45	0	308	49	308	65
合计	168	15.4	168	14.9	168	8.9	439	0.2	178	18.5	124	0	124	0	124	0	650	43	650	60

猪繁殖与呼吸综合征、伪狂犬病、细小病毒病阳性率最高的是仔猪,阳性率分别是 28.5%、28.5%、16.3%;猪瘟免疫抗体合格率最低的也是仔猪,合格率仅为 32%,猪传染性胸膜肺炎阳性率最高的是没有免疫种猪,其次是仔猪,说明仔猪对以上疫病最易感,发病率最高,而仔猪感染传染性胸膜肺炎的传染源可能是哺乳期母猪,猪瘟免疫抗体普遍较低。一方面,说明以上疾病能引起猪瘟免疫抑制;另一方面,仔猪猪瘟免疫抗体还受到母源抗体等因素影响。

弓形体、乙型脑炎、传染性萎缩性鼻炎、布鲁氏菌病 4 类疫病除检测到 1 份布鲁氏菌病阳性外,未检测出其他阳性血清,说明此 4 类疫病感染率低,对目前养殖小区猪体健康还未造成威胁。

口蹄疫免疫抗体阳性率母猪为 59%,仔猪为 54%,育肥猪为 65%,原因是部分怀孕母猪为避免免疫应激造成流产,在怀孕期间未注射疫苗。仔猪受母源抗体或免疫器官不成熟等因素影响,仅育肥猪免疫抗体较高的情况说明,猪繁殖与呼吸综合征、伪狂犬病、细小病毒病、传染性胸膜肺炎在本次试验中对口蹄疫免疫抗体造成的影响不明显。

4 讨论

从以上调查可知猪繁殖与呼吸综合征、伪狂犬病、细小病毒病、猪传染性胸膜肺炎的非特异性免疫抗体阳性说明此 4 种疫病已对该地区养猪业造成威胁,除此之外,这 4 种病与非典型性猪瘟(或慢性猪瘟)混合感染是造成这次乌鲁木齐周边农场养殖小区内猪无名高热病的重要原因之一,也是今后除常规疫病疫苗接种外,需要进行疫苗免疫的重要疫病。而猪传染性胸膜肺炎一定要从种猪开始预防和净化。

弓形体病、乙型脑炎、传染性萎缩性鼻炎、布鲁氏菌病虽然目前感染率低,对养殖小区猪体健康还未造成威胁,但要做到长期保持低感染,就必须杜绝疫病传入,并坚持自繁自养,彻底净化种猪,养殖场对购进仔猪的渠道,特别是种猪要进行认真调查,必须确保不进来历不明的仔猪,不购染病猪场的仔猪。猪圆环病毒病、猪丹毒、猪肺疫、猪附红细胞体病以及链球菌病等在本次调查中未做监测,有待以后调查。

养殖区饲养环境差、冬季猪舍通风条件差、空气质量差,秋冬季养殖区病死猪乱扔,冬季被雪覆盖,春季冰雪融化后,暴露后腐烂变质,养殖区各养殖户缺乏科学统一的防疫措施,疫病信息不交流,乱购仔猪等各种因素都是造成传染病流行的重要原因。

(本文发表于《中国畜牧兽医》2008 年第 1 期)

猪蓝耳病与猪瘟、O 型口蹄疫免疫抗体监测结果分析

摘 要：通过对不同饲养期、同一份血清中高致病性猪蓝耳病（PRRS）、猪瘟（CSF）、猪 O 型口蹄疫（FMD）三种疫病的免疫抗体监测结果表明，仔猪、育肥猪、种猪免疫抗体的保护率及阳性率分别为：PRRS 阳性率分别为 34.4%、49%、63.6%，CSF 保护率分别为 73.6%、91.9%、81.8%，FMD 保护率分别为 29%、51.5%、81.8%。

关键词：猪蓝耳病；猪瘟；O 型口蹄疫；免疫；抗体

高致病性猪蓝耳病（PRRS）、猪瘟（CSF）、猪 O 型口蹄疫（FMD）三种疫病都是当前国家强制免疫的猪重大疾病，其免疫预防的成败关系到养猪业的健康发展，为了摸清本地区三种疾病免疫后的整体效果，科学分析免疫抗体的变化规律，本文通过对辖区种猪场和商品猪养殖区一段时期所饲养的仔猪、育肥猪、种猪 PRRS、CSF、FMD 三种疫病的免疫抗体进行随机抽查监测，并对其免疫抗体的阳性率及保护率进行对比分析，提出提高猪三种疫病免疫抗体的措施，供参考。

1 免疫监测的对象、方法

1.1 免疫

免疫对象为仔猪、育肥猪、种猪；使用疫苗：PRRS 为洛阳普莱柯生物工程有限公司生产的猪繁殖与呼吸综合征灭活疫苗［NVDC～JXA1］，CSF 为齐鲁动物保健品有限公司生产的政府采购专用猪瘟活疫苗（脾淋源），FMD 为全宇保灵生物药品有限公司生产的猪口蹄疫灭活疫苗（O 型、Ⅱ）。免疫时间：20～25 日龄猪瘟脾淋疫苗首免，50～55 日龄二免；25～35 日龄猪 O 型疫苗；35～40 日龄猪蓝耳病疫苗，种猪三种疫苗每年 2～3 次。

1.2 监测情况

监测对象：60 日龄以下的免疫后仔猪，60~180 日龄的育肥猪，2 岁左右的种猪。

监测方法：免疫抗体监测 PRRS 为酶联免疫吸附试验（ELASI），CSF 和 FMD 为正相间接血凝试验，监测时间为 2009 年 11 月。

2 监测结果

2.1 抗体阳性率和保护率

检测结果见表 1。

表 1 PRRS 抗体阳性率、CSF、FMD 保护率

类别	检测猪龄	监测数量（份）	CSF保护率（%）	FMD保护率（%）	PRRS抗体阳性率（%）
仔猪	50~60 日	161	73.6	29.0	34.4
育肥猪	60~180 日	148	91.9	51.1	49.0
种猪	2 岁左右	105	81.8	81.8	63.6

2.2 PRRS、CSF、FMD 抗体阳性率及保护率柱状对比

检测结果对比见图 1。

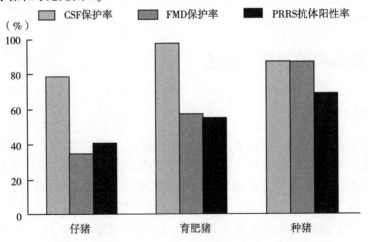

图 1 PRRS、CSF 和 FMD 抗体阳性率及保护率

3 结果分析与讨论

（1）PRRS 抗体阳性率仔猪最差、育肥猪次之、种猪要好，分析原因可能与仔猪的母源抗体、仔猪机体对 PRRS 疫苗的免疫应答能力及血中抗体峰值达到的时间等因素有关；育肥猪比仔猪好，说明 PRRS 疫苗免疫后血中抗体的峰值到达的时间应在接种 30d 之后，因为仔猪、育肥猪都是一免后的抗体阳性，仔猪监测时间在 50~60 日龄，而育肥猪在 60 日龄以后甚至更长时间。种猪抗体保护率较高与种猪的多次重复免疫有关。

（2）FMD 抗体保护率在仔猪期与育肥猪期监测结果基本与 PRRS 一致，分析其原因与 PRRS 的免疫情况相同，都是一免后的抗体；而 CSF 免疫抗体的保护率较高，其主要原因：首免日龄较早，虽然也可能受到母源抗体的影响，但是经过二免，母源抗体的影响相对降低，而且在仔猪期、育肥期监测的时间都是二免后的抗体。

（3）从生理上，仔猪、育肥猪要比种猪的免疫应答能力强；但是，只进行一次免疫，而不进行加强免疫，血清中抗体水平仍然不会高。相反，通过二次追加免疫，机体记忆细胞被激活，从而使机体免疫应答能力更强。通过分析 CSF 免疫抗体峰值发现，育肥猪最高，种猪虽然经过多次重复加强免疫，抗体水平平稳而比育肥猪略低，原因除与机体随着年龄的增长免疫应答能力较差以外，与免疫系统的麻痹有关。从一免后仔猪、育肥猪 FMD、PRRS 到种猪 CSF、FMD 的监测水平的一致性分析，FMD、PRRS、CSF 三种疫病的免疫抗体上升是呈正相关的，机体对三种疫苗的应答能力基本一致，而相互之间的影响作用并不明显。至于三种疫苗的免疫次序，应以当地疫病的危害程度而定。为了避开母源抗体的干扰，除了吃奶前采取的超前免疫外，三种疫苗首次免疫日龄应选在 20 日龄左右，因为首免日龄越早，母源抗体影响越大；而首免日龄越晚，疫苗的预防效果却相对较差。

（4）虽然抗体保护率较低，而 PRRS 及 FMD 的发病率也较低，可能与猪群的饲养管理、综合性预防及机体的抵抗力、病毒毒力致弱等因素有关。目前，在疫病预防中，通过疫苗免疫仍然是建立机体自身保护屏障的最重要的环节和手段。

4 提高免疫抗体的措施和方法

（1）首先应提高机体的免疫应答能力。健康的机体，完善的免疫系统是一切疫苗免疫后产生抗体的基础，提高抗体的免疫应答能力包括加强群体的饲养管理，避免对病、弱、残猪进行接种。首免后适时进行加强免疫，减少对机体的各种应激，提高猪群的福利水平，添加有利于提高免疫力的维生素等；其次，提高疫苗的免疫原性，对疫苗的种类、毒力、剂量及接种方法等都应力求科学。

（2）科学免疫和监测。除选择免疫的疫苗、接种方法外，要通过大量的母源抗体监测和当地疫病流行病学调查，确定疫病免疫的种类及免疫的时间，合理安排各种疫苗免疫的顺序，在要求较高免疫密度的同时，免疫的效果才是最终目的。由于机体应答能力的差异及疫苗的原因，在预防中要达到 100% 的保护率几乎是不可能的，但是通过综合性预防、降低疫病的发病率确是弥补免疫抗体保护之外的唯一途径。因此，为了掌握和评估每次免疫的效果，进行抗体监测是完全必要的。

（3）建立机体之外的疾病保护屏障。自繁自养、封闭饲养、加强进出消毒和检疫都是减少外部病原传入的有效措施，然而，在广大农村完全做到这几点是很难的，因此，散养的育肥户在补栏时要抓好四点：一是引种场家选择关，不引进正在发病或者曾经发过重要疫病的场家猪只；二是检疫关，要有当地检疫部门随仔猪开具的检疫证明；三是进舍消毒关；四是补免关。

（4）有效预防其他疫病的发生。许多病毒及细菌毒素都可引起机体免疫抑制，PRRS 本身就有抑制免疫系统作用。除此之外，还有猪细小病毒、伪狂犬病、因环病毒、肺炎支原体、胸膜肺炎等病。因此，要提高 FMD、PRRS、CSF 的免疫效果，还必须经过流行病学调查，清楚当地疫病流行的种类，只有采取综合性预防才能达到疫病预防的效果。

（本文发表于《国外畜牧学》2010 年第 2 期）

养殖小区猪病监测情况分析与对策

摘　要：通过对乌鲁木齐地区 5 个农场、16 个养殖小区、11 种猪传染病流行情况进行监测，共计监测猪血清 3 993 份，结果表明，猪瘟抗体平均合格率为 45%，口蹄疫抗体平均合格率为 60%，非免疫猪疫病血清阳性率：猪蓝耳病 16%、伪狂犬 18%、细小病毒病 13%、布鲁氏菌病 0.1%、传染性胸膜肺炎 26%、弓形体病 6%、传染性萎缩性鼻炎 1%、乙型脑炎 6%、附红细胞体病 13%。经过流行病学分析，加强饲养管理，做好卫生消毒，强化免疫和监测是控制疾病流行的有效措施。

关键词：监测；猪瘟；口蹄疫；猪蓝耳病；弓形体；种猪；育肥猪；仔猪

1　监测情况

1.1　监测时间、范围、数量及方法

2006 年 5 月~2007 年 7 月，对乌鲁木齐地区 5 个农场的 16 个养猪小区所饲养的不同年龄、不同用途、不同条件的猪群进行随机抽样采血监测，共计监测种猪血样 512 份，仔猪血样 923 份，育肥猪血样 2 558 份。分别对猪瘟和猪口蹄疫 2 种病的免疫抗体以及猪蓝耳病（繁殖与呼吸障碍综合征）、伪狂犬病、细小病毒病、布鲁氏菌病、传染性胸膜肺炎、弓形体病、传染性萎缩性鼻炎、乙型脑炎、附红细胞体等 9 种非免疫猪疾病的感染情况进行监测，监测方法按照国家标准及要求进行，监测试剂来自国家许可的厂家或研究所生产的诊断液。

1.2　监测结果

详细监测结果见表 1。

表1 养殖小区不同单位和各年龄段猪病监测情况

（单位：份）

病名	检测项目	猪场						年龄段			
		A	B	C	D	E	合计	种猪	仔猪	育肥猪	合计
猪瘟	监测数	296	241	218	142	80	980	125	333	522	980
	效价合格数	126	103	80	73	39	421	77	119	249	445
	合格率（%）	43	43	37	50	49	43	62	36	48	45
口蹄疫	监测数	183	170	170	70	80	673	113	252	308	673
	效价合格数	103	102	102	42	48	397	70	133	201	404
	合格率（%）	56	60	60	60	60	60	62	53	65	60
蓝耳病	监测数	121	77	56	41	20	315	28	87	200	315
	阳性数	32±1	15	4±1	±1	0	51±3	2	24	25	51
	阳性率（%）	26	19	7	0	0	16	7	18	13	16
伪狂犬病	监测数	96	57	56	41	20	270	10	59	201	270
	阳性数	23	7	3	1	0	34	1	9	24	34
	阳性率（%）	24	12	5	2	0	13	10	15	12	13
细小病毒病	监测数	69	48	51	34	20	222	10	51	161	222
	阳性数	10	12	6	1±2	0	29±2	0	14	15	29
	阳性率（%）	14	25	12	3	0	13	0	27	9	13
布鲁氏菌病	监测数	296	241	218	145	80	980	88	16	876	980
	阳性数	0	1	0	0	0	1	0	1	0	1
	阳性率（%）	0	0.4	0	0	0	0.1	0	0.6	0	0.1

（续表）

病名	检测项目	猪场						年龄段			
		A	B	C	D	E	合计	种猪	仔猪	育肥猪	合计
传染性胸膜肺炎	监测数	14	24	20	20	18	96	30	21	45	96
	阳性数	4	6	1	14	0	25	19±2	5	1	25
	阳性率（%）	28	25	5	70	0	26	63	24	2	26
弓形体病	监测数	14	24	20	20	18	96	30	21	45	96
	阳性数	0	0	0	0	0	0	0	0	±8	0
	阳性率（%）	0	0	0	0	0	0	0	0	0	0
萎缩性鼻炎	监测数	58	40	46	28	18	190	30	43	117	190
	阳性数	2	0	0	0	0	2	0	0	2	2
	阳性率（%）	3	0	0	0	0	1	0	0	1.7	1
乙型脑炎	监测数	34	40	28	28	18	148	30	35	83	148
	阳性数	6	0	3	0	0	9	0	3	6	9
	阳性率（%）	18	0	11	0	0	6	0	8.6	7	6
附红细胞体病	监测数	23	0	0	0	0	23	18	5	0	33
	阳性数	3	0	0	0	0	3	3	0	0	3
	阳性率（%）	13	0	0	0	0	13	17	0	0	13
监测总数		1 204	962	883	572	372	993	512	923	2 558	3 993

2 情况分析

（1）从不同单位的监测结果分析可以看出，猪瘟免疫抗体平均仅为45%，最高D场为50%，最低C场仅为37%，说明猪瘟在该地区免疫效果普遍较差，猪瘟散发和流行的可能性较大，分析原因与养殖户自购疫苗的质量、保存效果、免疫方法、免疫时间等有关系，而且从表1可见，种猪抗体合格率较高达到62%，仔猪最低仅为36%，育肥猪为48%，比仔猪高12%，说明种猪的免疫效果较好，仔猪免疫效果最差，可能与母源抗体的干扰有关。因此，避开母源抗体的干扰，选择正确的免疫时机是预防猪瘟的关键。而口蹄疫免疫抗体平均合格率达到60%，虽然没有达到国家要求的70%合格率，但也说明口蹄疫免疫效果较猪瘟好，同时也说明口蹄疫由专业兽医强制免疫，在技术和效果上都具有保障性。

（2）长期以来，本地区除猪口蹄疫、猪瘟、猪丹毒、猪肺疫等病进行免疫预防外，其他疫病的免疫还未引起重视，也就未进行疫苗预防。而从监测效果看，特别是猪传染性胸膜肺炎（阳性率26%）、猪蓝耳病（阳性率16.5%）、猪伪狂犬病（阳性率18%）和细小病毒病（阳性率13%）这4种病已经危及本地区养猪健康，因此，也应成为预防免疫的重点疫病，特别是A场和B场蓝耳病的感染率分别达到26%和19%；伪狂犬病的感染率分别达到24%和12%；细小病毒病感染率A场达到14%、B场达到25%、D场达到12%；传染性胸膜肺炎A场达到28%、B场达到25%、D场达到70%。而从表1可见，蓝耳病在该地区仔猪感染率最高达到27.5%、育肥猪为12.5%、种猪为7%；细小病毒病仔猪达到27%、育肥猪9%，说明这两种病对该地区对仔猪和育肥猪危害最严重。而传染性胸膜肺炎种猪感染率达到63%、仔猪24%、育肥猪2%，说明种猪感染率高，仔猪就高，由种猪传染给哺乳期仔猪的可能性极大，而育肥猪对该病不敏感。因此，除做好被动免疫外，应做好哺乳期仔猪的隔离预防是避免仔猪感染的有效措施。其次，各单位不同疫病的感染率有高有低，经过调查，其主要原因与各自乱引种有关，有的养殖户从猪贩子处购来的小猪甚至不清楚所购猪的产地，这是新的疫病传入的主要渠道。

（3）附红细胞体病只监测了A场的种猪和仔猪群，感染率种猪达到17%，可见净化种猪群从源头上消灭疫源很重要；乙型脑炎主要在A、C两场的仔猪群和育肥猪群中感染率较高；布鲁氏菌病和弓形体病通过监测，该地区感染率较低，说明这两种病还未对该地区养猪业造成危害。

（4）多种病混合感染是该地区猪病流行的最大特点。同一监测单位、同一小区、同一猪群的同一份血清，同时做几种病的监测，几种病的感染率都较高。如2007年3月，抽测的某单位仔猪血清中，用监测的26份蓝耳病阳性血清，同时做伪狂犬病监测，有25份阳性，做细小病毒监测，有15份阳性，做传染性胸膜肺炎监测，有15份阳性，做猪瘟抗体监测，4份抗体滴度为零、16份抗体滴度小于1：8（6份高于1：8），说明以上几种病混合感染在该地区比较严重，这是该地区疫病流行的一大特点。其次，混合感染后对猪瘟抗体有影响，说明这几种病混合感染后可造成机体免疫力下降。

（5）养殖密度大，环境卫生差，不进行圈内外消毒也是该地区疫病流行的主要原因。特别是个别养殖区、养殖户饲喂城市泔水，不进行高温等处理，不但有利于疫病感染，而且泔水中的有毒有害物质还会破坏机体的免疫系统，形成机体免疫力下降，从而引起免疫失败，其次是乱购疫苗，不按要求免疫，病后乱投药等也是该地区疫病流行的主要原因。

3　控制对策

3.1　加强饲养管理

为了从环境上控制疫病的发生，首先应该规范各养殖区的管理，禁止乱购仔猪，强化检疫监督，提倡"自繁自养"。种猪、仔猪、育肥猪应分舍、分群饲养，减少饲养密度，坚持"全进全出"制。保持舍内干燥、通风换气和冬季保暖，避免春秋二季舍内气候突变引起的应激，严禁饲喂泔水。

3.2　做好卫生消毒

严禁病死猪、死胎、胎衣乱扔乱埋，严禁粪尿乱堆乱放，定期在小区开展灭蝇灭虫，建立定期消毒制度。每周1~2次对舍内外环境进行消毒，对进出小区的车辆，特别是运猪车辆必须严加消毒。基层兽医防疫部门或单位养猪协会应对小区卫生消毒情况进行监督，对消毒效果进行检查，特别是消毒剂的浓度、用量、用法要科学，对圈舍消毒应采用先清扫，再冲洗消毒，最后熏蒸的方法。提倡在养殖小区内使用沼气，既卫生又节能。

3.3　强化免疫

对以上5个单位而言，需要进行疫苗预防的除口蹄疫、猪瘟、猪丹毒、猪肺疫等外，应增加猪蓝耳病、猪伪狂犬病、猪细小病毒病及传染性胸膜肺炎的预防免疫。为了避免母源抗体对仔猪口蹄疫和猪瘟的影响，应加强监测，根据母源抗体衰减变化适时首免，并根据首免情况及时进行二免。一般情况下，为避开母源抗体的干扰，猪瘟免疫可在仔猪出生后立刻免疫，免后2h再开始哺乳，或在母源抗体下降到1：32以下时的前7d首免，1个月后二免。后一种情况根据对仔猪母源抗体的监测，该地区猪瘟的首免日龄应选在15~20d，二免日龄应选在50~55d比较科学。而口蹄疫首免日龄应选在30~40d，二免日龄应选在70d比较科学。蓝耳病灭活疫苗可在仔猪20日龄左右首免（剂量2mL/头），48日龄时进行二免，母猪配种前免一次（4mL/头），公猪一年二次。猪伪狂犬疫苗目前有两种，一种是基因缺失苗（有利于免疫诊断，将疫苗免疫与自然感染形成的抗体分开，有利于净化猪群），另一种是灭活疫苗，灭活疫苗一般在仔猪断奶时首免（2~3mL），免后35d左右加强免疫，种猪配种前15~20d免疫。猪细小病毒病主要是危害母猪，易引起繁殖障碍，仔猪虽然感染率较高，但不造成直接的影响，因此免疫主要在母猪，同时，对母猪、仔猪要进行严格的隔离。传染性胸膜肺炎主要是要加强对种猪的免疫，仔猪1月龄左右首免，2月龄左右二免，母猪产前一个月免疫一次，种公猪每年2次，同时。仔猪的预防主要在哺乳期进行严格的隔离措施，切断由母猪直接传染给仔猪的途径。以上疾病，建议该地区商品猪免疫程序为：15~20d猪瘟，20~25d猪蓝耳病，25~30d猪口蹄疫、伪狂犬病，30~35d猪喘气病、传染性胸膜肺炎，35~40d猪丹毒、猪肺疫，40~45d仔猪副伤寒，45~45d猪瘟，50~55d猪蓝耳病，60~70d猪口蹄疫，70~80d猪丹毒、猪肺疫。

3.4 建立完善的疫病监测系统

对疫病进行监测，不但是超前预防的重要手段，也是目前科学预防的重要途径，监测中可以起到掌握疫病流行的动态和免疫的效果，因此，对养殖区饲养的种猪、仔猪和育肥猪应采取重点小区重点监测，重点疫病重点监测，把常规监测和集中监测结合起来，并根据疫病流行季节，周围地区流行态势，计划出监测疫病的时间、种类、数量、范围和单位。对监测的结果要进行及时科学的分析，有利于早期诊断和早期预防。

（本文发表于《国外畜牧学》2008年第2期）

猪繁殖与呼吸综合征的监测与分析

目前猪繁殖与呼吸综合征（PRRS）已经成为世界性分布的传染病，被认为是 20 世纪末影响最大的一种新的高度传染性猪病综合征。近几年以来，各地不断发病，特别是 2004 年底以来，检出率明显增加。母猪主要以发热、厌食和流产、木乃伊胎、死产、弱仔等繁殖障碍为主要表现；仔猪则表现呼吸系统症状和高死亡率。2006 年 6 月以后，全国各地相继出现以高热为主要症状的"高热病"。经农业部兽医诊断中心系统的工作，证明引起"高热病"的原因为"变异株蓝耳病病毒"。各地主要采取以免疫预防为主的综合性防控措施来预防和控制猪繁殖与呼吸综合征。

为了解猪繁殖与呼吸综合征免疫抗体保护情况及病原感染状况，2008—2009 年利用猪繁殖与呼吸综合征 ELISA 抗体检测试剂盒、猪繁殖与呼吸综合征体外诊断试剂（RT-PCR），进行了猪繁殖与呼吸综合征血清学、病原学监测，以便为有效预防该病提供科学依据。

1 材料与方法

1.1 诊断试剂

猪繁殖与呼吸综合征 ELISA 抗体检测试剂盒，武汉科前动物生物制品有限责任公司提供（批号：20070708、20090528）；猪繁殖与呼吸综合征体外诊断试剂（RT－PCR），北京世纪元亨动物防疫技术有限公司提供（批号：HPRRS200708、HPRRS20090105）。

1.2 被检血清

采自新疆 5 个规模养殖场、32 个养殖小区的血清样品 701 份（其中包括种公、母猪，后备种猪和仔猪）。

1.3 疫苗

采用洛阳普莱柯生物工程有限公司生产的猪繁殖与呼吸综合征灭活疫苗

（NVDC-JXAI 株）。

2 结果

3 小结与讨论

（1）监测结果表明，应用猪繁殖与呼吸综合征 ELISA 抗体检测试验监测701 份猪血清，抗体阳性率 2008 年为 50.5%、2009 年为 43%，平均 48.1%，整体保护率较低；应用猪繁殖与呼吸综合征体外诊断试验监测 475 份猪血清、病料，阳性率 2008 年为 2.5%、2009 年为 1.1%，平均 2%，表明本地区存在病毒感染。

表 1　2008—2009 年猪繁殖与呼吸综合征血清学、病原学监测结果统计

监测项目	年份	监测血清数（份）	阳性数（份）	阳性率（%）	备注
ELLSA 抗体检测	2008	471	238	50.5	猪场监测前均进行过疫苗免疫，抗体阳性率最高达 100%，最低为
	2009	230	99	43	
	合计	701	337	48.1	
RT-PCR 病原学监测	2008	285	7	2.5	所用试剂适用变异及非变异猪繁殖与呼吸综合征流行病学监测
	2009	190	2	1.1	
	合计	475	9	2	

表 2　2008—2009 年猪繁殖与呼吸综合征血清学监测场点结果统计

监测项目	年份	规模场数（家）	达到70%保护率的场数（家）	散养户（户）	达到70%保护率的户数（户）
ELLSA 抗体检测	2008	13	6	37	11
	2009	11	4	17	12
	合计	24	10	54	23

（2）各养殖场、养殖户免疫合格率存在较大差异，免疫抗体合格率高的单位达到 100%，低的单位为 0。分析统计造成免疫抗体合格率较低的原因主要有：疫苗运输、保存不当；漏注或没有二次加强免疫，操作技术不规范；有的养殖户领回疫苗后自己注射，造成免疫不确实；动物接种时处于某些疫病潜伏期或隐性感染期，免疫应答机能受到抑制；国家下发的免疫技术规范

未能培训到每一个基层兽医工作人员，未按照免疫程序进行规范免疫。

（3）从监测场点统计结果来看，规模场免疫状况明显优于养殖区的养殖户。监测出的病原学阳性猪也大部分为养殖区的养殖户，表明在养殖户中对猪繁殖与呼吸综合征病的危害还未能引起足够的重视。

（4）鉴于目前的情况，建议认真贯彻落实 PRRS 强制免疫程序，提倡自繁自养，加强检疫、检测，强化对疫苗的管理和使用，加强猪群的饲养管理和消毒，预防其他病毒和细菌毒素的侵害，提高机体免疫力。

（本文发表于《新疆畜牧业》2010 年第 3 期）

口蹄疫二价灭活疫苗免疫效果观察

口蹄疫 O 型与亚洲 I 型二价灭活疫苗的应用，为预防该病的发生和流行，减轻防疫人员的工作量起到一定作用。2006 年，笔者负责的防疫区，应用二价灭活疫苗共免疫牛、羊 47.6 万头（只）。通过疫苗效价监测，发现本地牛、羊由于种类、品种、体质差异以及春秋季节，气候变化，使口蹄疫二价灭活疫苗所产生的免疫应答效果不同。为掌握二价灭活疫苗应用后的母源抗体情况，牛、羊对二价疫苗的免疫应答能力，科学分析免疫后的免疫效果，指导生产中的防疫工作，笔者对本地牛、羊应用二价灭活疫苗后的免疫应答能力以及羔羊的母源抗体变化进行了监测。

1 试验材料

1.1 试验群

选择当地 2~6 岁成年荷斯坦奶牛 2 群各 10 头，其中，A 群为春季免疫群（2005 年 3 月 16 日免疫），B 群为秋季免疫群（2005 年 9 月 5 日免疫）；选择当地 3 月龄绵羊 20 只；选择通过同期发情处理后应用人工授精技术繁育的纯种小尾寒羊的子代羔羊 40 只；4 个试验群中的牛、羊均属健康畜，其饲养管理条件较好，试验牛及羔羊群为全舍饲，成年绵羊为半舍饲饲养，试验期间畜群健康状况良好。

1.2 疫苗

试验牛用疫苗选用云南生物药品厂生产的口蹄疫 O 型-亚洲 I 型二价疫苗，生产批号为 5605007；试验羊用疫苗选用内蒙古生药厂生产的 O 型-亚洲 I 型二价灭活疫苗，生产批号为 5605007。

1.3 诊断试剂

口蹄疫 O 型与亚洲 I 型抗体效价诊断液均为中国农科院兰州兽医研究所

生产，亚洲Ⅰ型诊断液批号为 2005061005，O 型口蹄疫诊断液批号为 2005090501。

2 试验方法

2.1 免疫方法

牛口蹄疫 O 型–亚洲Ⅰ型二价灭活疫苗，肌内注射，2mL/头，羊口蹄疫 O 型–亚洲Ⅰ型二价疫苗，肌内注射，1mL/只。

2.2 监测方法

口蹄疫亚洲Ⅰ型和口蹄疫 O 型疫苗均用液相阻断–酶联免疫吸附试验监测。

3 试验结果

3.1 牛

监测免疫前和免疫后抗体效价；试验牛群在尾静脉采血约 3mL 后，随即注射二价灭活疫苗，并分别于免疫后第 20 天、第 50 天、第 90 天、第 170 天采血监测抗体变化，每次采血 7 份。其监测结果详见表 1。

3.2 羊

羔羊在其出生前 1~2d 内静脉采集孕母羊血液 2~3mL。羔羊在出生后分别于 3 日龄、10 日龄、18 日龄、29 日龄、47 日龄、65 日龄静脉采集血液 1~2mL，进行母源抗体监测，每次采血 9 份。3 月龄羊在采血后随即注射口蹄疫 O 型–亚洲Ⅰ型二价灭活疫苗（首免），并于第 30 天、第 60 天、第 90 天、第 133 天进行采血监测抗体效价，每次采血 5 份。羔羊母源抗体监测结果见表 2，首免羊群抗体效价监测结果详见表 3。

表 1　试验牛群抗体效价监测结果

编号	免疫前 亚洲I型 A	免疫前 亚洲I型 B	免疫前 O型 A	免疫前 O型 B	免疫后22d 亚洲I型 A	免疫后22d 亚洲I型 B	免疫后22d O型 A	免疫后22d O型 B	免疫后52d 亚洲I型 A	免疫后52d 亚洲I型 B	免疫后52d O型 A	免疫后52d O型 B	免疫后94d 亚洲I型 A	免疫后94d 亚洲I型 B	免疫后94d O型 A	免疫后94d O型 B	免疫后169d 亚洲I型 A	免疫后169d 亚洲I型 B	免疫后169d O型 A	免疫后169d O型 B
1	>1:512	1:90	>1:512	<1:512	2048	2048	1:1024	1:1024	1:360	1:128	1:2048	1:32	1:512	1:512	1:256	1:32	1:1024	1:32	1:2048	<1:32
2	1:256	1:180	1:64	<1:64	2048	2048	1:360	1:720	1:180	1:512	1:360	1:32	1:256	2048	1:2048	1:32	1:128	1:90	1:180	<1:32
3	1:180	1:360	1:180	<1:64	1:512	2048	2048	2048	1:180	1:720	1:512	1:720	1:256	1:512	1:360	1:256	1:256	1:64	1:128	1:64
4	>1:512	1:512	1:180	1:180	2048	2048	2048	2048	1:256	2048	1:720	1:1024	1:720	1:1024	1:512	1:512	1:128	1:512	1:256	1:45
5	>1:512	1:128	1:180	<1:64	1:1024	1:512	1:512	1:1024	1:180	1:720	1:1024	1:180	1:720	1:512	1:512	1:720	1:512	1:512	1:256	1:128
6	1:360	1:512	1:512	1:256	1:32	1:512	1:90	1:64	1:512	1:2048	1:1024	1:256	1:1024	2048	1:512	1:720	1:90			
7	>1:512	1:360	1:512	1:360	1:32	1:1024	1:64	1:64	1:128	1:2048	1:360	1:360	1:1024	1:512	1:1024	1:128	1:180			1:32
$\log_{10}$平均滴度	>2.57	2.4	2.6	2.1	2.44	3.09	2.6	2.72	2.36	2.91	2.85	2.33	2.7	2.9	2.6	2.66	2.45	2.03	2.38	1.68
抗体均匀度	71	42	86	71	14	71	43	43	86	43	86	17	71	71	43	71	50	33	67	83

注：A 群为 2005 年 3 月 16 日注射云南二价灭活疫苗。B 群为 2005 年 9 月 5 日注射云南二价灭活疫苗。

表 2　羔羊母源抗体监测结果

试验编号	母羊效价 亚洲I型	母羊效价 O型	3日龄效价 亚洲I型	3日龄效价 O型	10日龄效价 亚洲I型	10日龄效价 O型	18日龄效价 亚洲I型	18日龄效价 O型	29日龄效价 亚洲I型	29日龄效价 O型	47日龄效价 亚洲I型	47日龄效价 O型	65日龄效价 亚洲I型	65日龄效价 O型
1	1:64	1:90	1:2048	1:1024	1:720	1:1024	1:720	1:360	1:32	1:360	1:128	1:90	<1:8	1:45
2	1:128	1:180	1:360	1:720	1:180	1:720	1:180	1:512	1:360	1:512	1:32	1:128	<1:8	1:128
3	1:360	1:256	1:2048	1:1024	1:512	1:1024	1:1024	1:1024	<1:32	1:1024	1:32	1:45	<1:8	1:90
4	1:512	1:720	1:1024	1:1024	1:360	1:1024	1:360	1:512	1:128	1:512	1:32	<1:32	<1:8	1:45

（续表）

试验编号	母羊效价		3 日龄效价		10 日龄效价		18 日龄效价		29 日龄效价		47 日龄效价		65 日龄效价	
抗体效价	亚洲 I 型	O 型	亚洲 I 型	O 型	亚洲 I 型	O 型	亚洲 I 型	O 型	亚洲 I 型	O 型	亚洲 I 型	O 型	亚洲 I 型	O 型
5	1:360	1:360	1:720	1:720	1:512	1:512	1:512	1:720	1:180	1:1024	1:32	<1:32	<1:8	<1:8
6	1:360	1:256	1:360	1:360	1:90	1:64	1:180	1:180	1:180	1:512	1:128	1:128	1:45	1:45
7	1:360	1:512	1:720	1:1024	1:360	1:360	1:360	1:512	1:180	1:360	1:32	1:90	1:180	1:90
8	1:45	<1:16	1:180	1:45	1:90	1:16	1:128	<1:16	<1:32	1:32	1:32	1:45	<1:8	<1:8
9	1:360	1:360	1:720	1:720	1:256	1:360	1:180	1:256	1:90	1:180	1:32	1:32	1:22	1:22
$\log_{10}$ 平均滴度	2.33	2.32	2.83	2.75	2.43	2.4	2.5	2.48	1.98	2.26	1.63	1.77	1.16	1.57
抗体均匀度（%）	78	56	67	89	44	44	67	67	22	22	78	78	11	33

注：孕母羊于 2005 年 10 月 28 日注射口蹄疫 O 型－亚洲 I 型二价灭活疫苗，2005 年 12 月 15 日产羔。

表 3　首免免羊群抗体效价监测结果

试验编号	免疫前		免后 30d		免后 60d		免后 90d		免后 133d	
抗体效价	亚洲 I 型	O 型	亚洲 I 型	O 型	亚洲 I 型	O 型	亚洲 I 型	O 型	亚洲 I 型	O 型
1	<1:64	<1:64	1:90	<1:64	1:128	1:360	1:90	1:180	1:90	1:256
2	<1:64	<1:64	<1:64	<1:64	1:45	1:64	1:64	1:45	1:180	1:128
3	<1:64	<1:64	1:90	1:64	1:90	1:256	1:64	1:128	1:64	1:90
4	<1:64	<1:64	1:180	<1:64	1:45	1:180	1:32	1:90	1:32	1:90
5	<1:64	<1:64	1:180	<1:64			1:64	1:32	1:64	1:32
$\log_{10}$ 平均滴度	1.8	1.8	2.04	1.8	1.84	2.25	1.8	1.99	1.86	1.98
抗体均匀度（%）	100	100	100	100	75	50	100	50	60	60

注：2005 年 7 月 28 日羊羔 3 月龄时进行二价灭活疫苗首免。

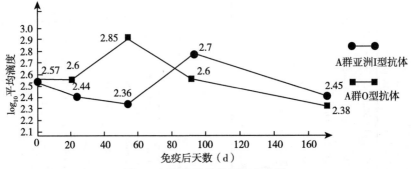

图1　A群牛抗体效价变化曲线

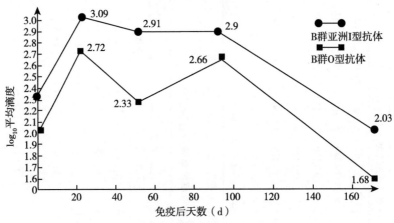

图2　B群牛抗体效价变化曲线

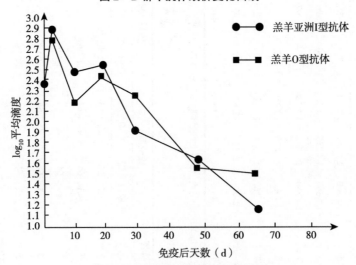

图3　羔羊母源抗体效价变化曲线

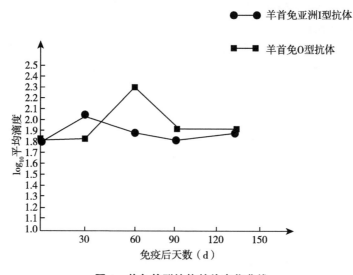

图4　首免羊群抗体效价变化曲线

4　结果分析

（1）A群为春季免疫试验群，该群牛在免疫前抗体滴度比较高，因此，再次免疫后，由于体内免疫活性细胞的大量存在，对抗原的刺激产生中和反应，所以，再次免疫后，抗体效价不但没有立即上升，反而亚洲Ⅰ型有所下降。从曲线图可知，亚洲Ⅰ型下降时间长，大概在2个月左右；下降滴度较大，大于0.21个滴度。体内发生中和反应后，对新抗原的刺激，在活性免疫细胞的作用下，血液中免疫球蛋白开始大量产生，亚洲Ⅰ型抗体水平在3个月左右达到最高，而O型则在2个月左右达到最高。随后两种抗体水平在体内开始下降，免疫后6个月左右两种抗体在体内水平基本一致，抗体保护率仍然在100%，而且两种抗体在整群中抗体均匀度大于或等于50%，这有利于畜群再次免疫时间的统一和免疫后整群抗体水平的一致提高。

（2）B群为秋季免疫试验群，该群牛在免疫前抗体滴度较低，特别是O型抗体滴度仅为2.1。在此情况下，进行再次重复免疫，体内残留抗体与抗原中和反应的时间短。由于首次监测在第20天，所以，曲线中反映不出20d前抗体变化。再次免疫后新生抗体水平上升较快，20d左右O型、亚洲Ⅰ型抗体滴度在血液内几乎同时达到最高值。随后两种抗体滴度同时开始下降。亚洲Ⅰ型抗体滴度在74d前（免疫后94d左右）下降幅度较慢，平均每周下降0.02个滴度。而94d至169d，下降速度较快，平均每周下降大于0.08个滴度，但 169d 抗体保护率仍然在 100%。O 型抗体在出现急剧下降后（1 个月内下降了 0.39 个滴度）又突然升高（42d 上升了 0.33 个滴度），但在再次上升到最高值时，从以前的 22d 到以后的 94d 平均下降 0.06 个滴度，平均每周下降小于 0.01 个滴度。出现下降又上升的变化，可能与机体的各种应激，如药物干扰、疫病或免疫活性细胞的代谢、记忆反应、抗原的间断性刺激等因素有关。在抗体重新上升到最高水平后，O 型抗体滴度从 94d 开始至 169d 下降速度比亚洲 Ⅰ 型快，平均每周下降大于 0.09 个滴度。至 169d 时，几乎接近抗体保护的临界水平。而亚洲 Ⅰ 型抗体滴度平均每周下降 0.01，抗体保护率仍然较高。

（3）羔羊的母源抗体是从母乳中获得的，母羊抗体效价高，羔羊母源抗体水平也较高。羔羊母源抗体水平不但在 3 日龄达到最高，而且比产羔前母羊抗体水平还高，说明通过天然被动免疫羔羊获得性抗体水平高，母体中口蹄疫免疫球蛋白不但通过胎盘进入胎儿体内的能力较强，而且胎儿血液中抗体浓度较高。对于 O 型与亚洲 Ⅰ 型母源抗体来说，虽然两种抗体在母羊体内基本一致，但是在母源抗体中，前 20 日龄亚洲 Ⅰ 型抗体略高于 O 型抗体，而在 20 日龄以后则相反。50 日龄时，两种抗体几乎下降到同一水平，50 日龄后，又出现亚洲 Ⅰ 型抗体下降比 O 型较快。至 65 日龄时，两种抗体相差 0.41 个滴度。90 日龄时，两种抗体水平基本一致。65 日龄时，亚洲 Ⅰ 型抗体保护率仅为 10%左右，而 O 型则为 60%左右。在抗体下降过程中，同一日龄监测到的两种母源抗体整群的均匀度是基本一致的。在母源抗体衰退过程中，10 日龄到 18 日龄，两种母抗均不同程度地出现反弹，可能与各种应激以及血液中免疫球蛋白的间断性释放等因素有关。

（4）即使在母源抗体水平极低的情况下，首免二价灭活疫苗，O 型与亚洲 Ⅰ 型抗体不但上升慢而且效价很低。一方面说明母源抗体对首免抗体产生可能还有影响。另一方面说明，新生免疫细胞还不成熟。其次是抗原进入体内后有一个较长的潜伏期。

5 讨论

（1）用口蹄疫二价灭活疫苗免疫后，本地牛、羊对同一种疫苗的 O 型抗原与亚洲 Ⅰ 型抗原刺激所发生的免疫应答不同，无论是羔羊的母源抗体或者牛、羊的再生抗体，无论免疫应答前两种抗体水平是否相同，在抗体的产生和衰退过程中，两种抗体的变化均不能一致，说明亚洲 Ⅰ 型抗体与 O 型之间交叉免疫性较小。是否还存在不同型的抗原间相互干扰或存在免疫细胞对两种抗原同时刺激的选择性，或与二价苗同单位剂量中的二种抗原量不同有关，有待研究。而在实际防控中，应用二价疫苗后通过监测则要以其中抗体效价最低、保护率最低的一种为参考，适时进行追加免疫。

（2）通过试验可知，在有记忆免疫活性细胞存在的情况下，重复免疫口蹄疫二价灭活疫苗后，牛的免疫期在5~6个月，而且重复免疫的抗体在免后3个月之内保持较高水平，3个月之后抗体水平衰退速度比较快，因此，免后90d左右可以作为抗体变化的分水岭。90d左右前免疫抗体比较牢固。90d左右后如果机体受到野毒攻击，不但疫苗免疫期将会缩短，而且抗体抗病能力低。所以，在实际防控中，重复免疫3个月后更应加强监测，及时掌握抗体水平变化，及时进行追加免疫。

（3）母羊抗体水平较高，其子代羔羊母源抗体也相应较高，说明亚洲Ⅰ型与O型免疫球蛋白通过胎盘进入胎儿的穿透力较强，这有利于羔羊出生后，免受野毒攻击而致病。然而较高的母源抗体也有可能对首免抗体造成影响。因此，对羔羊的首免绝不可忽视母源抗体的干扰。其次，若没有特殊疫情，首免最早不可早于20日龄。另外，在没有受到外界强毒攻击的情况下，母源抗体的保护期最长也只能维持到50d，50d后母源抗体的保护力很低，不足以抵抗野毒的攻击。一般情况下，即使有母源抗体的存在，用二价灭活疫苗对羔羊进行首免，如果考虑抗原在体内的潜伏期，羔羊的首免日龄也应在出生后40d左右完成。

（4）绵羊用口蹄疫二价灭活疫苗进行首免，免后抗体效价将一直达不到较高水平，也不能持久，说明首免抗体是不牢固的，必须进行二次追加免疫。追加免疫的时间应该在首免后抗体形成的稳定期，即首次免疫后的30~60d，必须进行二免。这样做的积极因素是首次免疫可以起到激活免疫细胞并通过体内中和反应后产生的记忆细胞，对抗原的再次刺激可产生细胞记忆反应促使活化细胞增殖。其次，二次免疫也可避免母源抗体的干扰，从而使抗体不但达到较高水平而且持久。

（5）各种应激，如药物干扰、疾病感染以及抗原间相互反作用等都可能影响机体免疫球蛋白的产生。因此，再科学的免疫程序都不是一成不变的。在实际防控中，一定要注意动物机体的生理变化和环境致病因素，只有适时监测，才能起到及时预防。另外，抗体变化中的反弹现象对抗体上升与下降规律的影响，在指导监测的时间及对监测结果的分析过程中，还应引起重视。

（本文发表于《当代畜牧》2007年第3期）

牛 A 型口蹄疫的流行与控制

口蹄疫（FDA）是哺乳动物的一种高度接触性传染病，被世界动物卫生组织（WOAH）列为一类传染病，口蹄疫共有 7 个血清型，各型病毒在体内感染后不对其他型有免疫力，在我国流行过的主要是 O 型、A 型和亚洲 I 型。由于病毒的变异性较强，环境中野毒的长期存在，给口蹄疫的预防增添了难度，笔者针对牛 A 型口蹄疫的流行情况做了分析，提出控制措施建议，供参考。

1　流行情况

牛 A 型口蹄疫主要表现以下特点：一是未实施免疫接种的牛群症状表现比较典型，感染传播速度较快，全群发病率较高，感染率可高达 80%，主要症状有：口腔流涎、溃疡，奶头（蹄部）起疱，病牛体温升高，食欲下降，泌乳牛奶产量急剧下降，发病期较长，恢复较慢，全群从第一头牛发病开始，到最后一头康复需 15~20d；二是经过二次以上疫苗免疫的成母牛呈现温和型，症状表现不明显，单元牛群发病率 1%~10% 不等，多数发病牛不表现明显症状，发低烧 1~2d，后康复，属一过性，食欲下降不明显，产奶量下降不明显，全群免疫抗体监测，免疫抗体的保护率 70% 以上，个别免疫失败牛抵抗不住强毒攻击，表现出较明显症状，先是流涎（口腔水泡不明显），接着乳头出现水泡，蹄部溃疡少见，食欲下降明显，体温升高，产奶量下降，7~15d 恢复；三是犊牛及青年牛，3 月龄以下犊牛受母源抗体保护未出现发病，4 月龄以上牛只经过一次 A 型口蹄疫疫苗注射，未做二次加强免疫的发病率高，几乎达 80% 以上，主要症状为流涎、发烧，病程 7~15d 不等，首免后相隔一个月左右进行二次加强免疫的青年牛没有表现感染的情况。

2　流行原因分析

（1）不按时进行疫苗免疫是 A 型口蹄疫流行的主要原因，继 O 型、亚洲

I 型后，牛 A 型口蹄疫病毒时刻威胁着奶牛饲养，通过发病牛群与未发病牛群比较，A 型疫苗的作用，对控制 A 型口蹄疫的发生和流行在一定程度上可以起到较好的保护作用，除按时按剂量进行免疫外，还应按要求保管和使用疫苗，从而充分保证疫苗的有效性。

（2）免疫失败的成母牛发病，原因可能与环境中的野毒的毒力强有关，也与疫苗的保护力、免疫牛的免疫应答能力、疫苗毒株的来源、FMDV 的变异性以及疫苗的保管运输、使用方法等有关。特别容易忽视的是接种疫苗过程中的技术操作、有效剂量，避免注射器玻璃管中的气泡，注射过程中的"飞针"现象等人为因素，造成的有效免疫剂量不足。其次是免疫对象的健康状况等。

（3）青年牛发病分析，原因主要是缺少追加免疫，A 型口蹄疫疫苗要求 3~6 月龄牛实施第一次免疫，一免后 1 个月进行第二次强化免疫，免疫有效期为 6 个月，实际情况是多数牛第一次免疫后，第二免漏免，造成免疫空档而被感染，首免达不到免疫效果的原因是残留母源抗体可能对首免效果起到了中和作用；其次机体在进行第一次免疫后，体内免疫细胞被激活，只有第二次免疫后，才能产生较高抗体，所以，不进行第二次追加强化免疫，给野毒攻击造成机会从而引起感染。

（4）3 月龄以内没有被感染，是因为受到母源抗体的保护。

（5）环境中野毒的存在及毒力增强是引起奶牛 A 型 FMD 发生和流行的主要原因，在外界环境、牲畜流动的外力推动下，加快了野毒的流动和感染，造成多地区发病。通过监测，免疫后的牛群免疫抗体保护率在 70% 以上，为何还有个别牛群发病，如果排除免疫过程中的技术操作失误原因外，再就是疫苗的免疫效果一定程度上不能有效抵抗野毒的攻击。

3　免疫

首免后相隔 1 个月左右要进行二次免疫，如果不及时二免，机体内免疫抗体在受到环境野毒攻击时不足以保护机体。预防措施：

（1）疫苗免疫接种仍然是预防 A 型 FMD 的有效措施，虽然免疫后牛群也有零星发病，如果去除免疫操作、疫苗保护等引起的免疫失败原因，疫苗本身的免疫效果还是比较明显。所以，提高 A 型 FMD 疫苗的免疫率，是预防 A 型 FMD 的有效措施，因为口蹄疫各型之间没有交叉免疫，除 O 型和亚洲 I 型二联苗外，A 型还要单独注射，不能因为同一种病免疫次数多就存在侥幸心理而不免疫，这是 A 型发生流行的主要原因。

（2）生产牛一定要按照免疫程序进行免疫，首免后相隔一个月进行二次加强免疫，这是提高免疫效价、抗体均匀度所必需的，因为母源抗体水平的差异以及其保护期的长度差异，母源抗体对首免效果的影响，只有通过二次追加免疫，才能保证机体的有效抗体。

（3）加强饲养管理，自繁自养，提高牛的免疫力，进入春季，气温回升也为外界各种病毒细菌大量繁殖创造了适宜的环境，并随着外界环境中的野毒到处传播。加强饲养管理就是从牛的饲草料、饮水等做起，在饲料营养和卫生等方面减少牛的各种应激，提高牛的抵抗力。推行自繁自养减少外购牛，由于受环境和条件限制，外购牛的健康状况、免疫效果难以准确及时监测，尤其是不经隔离混群后对整群牛的健康造成威胁。

（4）加强预防消毒工作，口蹄疫病毒属于非囊膜病毒，对外界环境因素和化学消毒药抵抗力很强，对酸性和醛类、卤素类消毒剂敏感。可交替使用复合醛类、碘制剂、氯制剂、过氧化物等消毒剂对栏舍、牛群、环境消毒。

4　讨论

只有提高疫苗的免疫原性，才能有效抵抗环境中 A 型野毒的攻击，因为 A 型 FMD 是 2009 年在我国开始暴发，相隔 4 年再次发生，不排出环境中 FMDV 的变异和增强，因此，应加强高效 A 型疫苗的研究；其次，由于各型之间（牛主要是 O 型、A 型和亚洲 I 型）没有交叉免疫保护作用，三种型多价联疫苗的研究、开发、推广成为必然趋势，对减少基层防疫员的劳动量，避免漏免，对有效防控 FMD 将起到积极作用。

（本文发表于《中国牛业科学》2013 年第 5 期）